赢在归零
胜在空杯

苏沫 著

YingZai GuiLing
ShengZai KongBei

中国华侨出版社

前 言

为什么感觉生活越来越累，为什么越走越偏离最初的目标，为什么想要变得更好却总是力不从心……这一切也许并不是你的能力出现差错，而是你心灵空间的内存已经告急。

我们常常用加法的态度来面对生活：为了满足生存的需要，要不断学习知识、技能；为了满足生活的需要，要不停地工作，最好能让工作填满24个小时；达成短暂的目标后，就要追求更高水平的目标……所有随之而来的压力、迷茫、烦恼、矛盾统统被压在心底，"你需要接纳一切"，很多人这样告诉我们，因为唯有如此，你才能看起来更有成功的资本。然而，很多人却忽视了一个问题：人的心就像一个杯子，同样有容量的限制，当堆积的东西越多，空间便越小，没有了空间又如何能够容得下更多？这时，你需要做的是将杯子里无用的东西清除。

日本杂物管理咨询师山下英子在《断舍离》一书中提出"断舍离"的新概念，意思是说，断绝不需要的东西，舍弃多余的废物，脱离对物品的迷恋。而空杯心态与其有着相似的原理，只不过物品从有形转变为无形，场所从实际的空间转变为心灵的空间。空杯心态意味着将心态归零，重新开始。它是一种谦逊的态度，将荣耀和成绩清空，以初心重新开始；它是一种对自我的反省，是去烦除杂的过程；它也是一种对未来的积极姿态，将过去的包袱扔掉，才能在未来的路上走得更轻松、更有力量。

人生需要归零，并时刻归零，让自己常常处于空杯的状态。这意味着，归零不是一蹴而就的行为，你需要把归零当作生活和工作的常态，这样便能使自己处于常新的状态。生活不在于计较每时每刻拥有了什么，而在于放开。将杯子装满，你拥有的是一个杯子，将杯子清空，你拥有的便是整个世界。

我们无须与他人攀比，但一定需要赢得自己的世界，本书告诉你如何做自己世界的赢家。全书共分为 12 个章节，将生活与工作中需要时时清理的心灵垃圾全面整理，并辅以具体做法，让你能够不断刷新自己，让心态获得新生。

C目录
ONTENTS

第一章 | **对名利的执着：**
          | 清空它，梦想不再沉重

001 放空会收获一份轻松   003

002 忘记名利，更容易发现身边的快乐   005

003 将名利置于人生合适的位置   009

004 把握追求的"度"   012

005 回归平淡的生活状态   015

006 别让虚名和自我本末倒置   018

007 日程不排满，给自己保留空间   020

第二章 | **对成功的急迫：**
          | 清空它，在喧嚣中保持内心平和

001 比追逐更重要的事：保持内心的淡泊   027

002 无论多么糟糕，保持从容   030

003　无论多么紧迫，别急于求成　　　034

004　坦然地面对自己、面对烦恼　　　036

005　学会等待　　　038

006　忙里偷闲与闹中取静　　　042

第三章 ▎**对物欲的沉迷：**
　　　　▎清空它，心灵将通往自由

001　欲望无法填平，需要克制　　　047

002　与世俗的纷争保持一点距离　　　051

003　过简单的生活，没那么多烦恼　　　053

004　保持率性—— 一种难得的魅力　　　056

005　放弃不是无奈，而是智慧　　　059

第四章 ▎**对底线的妥协：**
　　　　▎清空它，生活不会失去方向

001　置一份洁身自好的基业　　　065

002　做到无功不受禄　　　067

003　知足，这才是真正的富有　　　069

004　拥有正确的财富观　　　072

005　无欲则刚——立身行事的指南　　　074

006 不要被他人的生活左右 078

007 靠勤奋，而非投机取巧 081

第五章 | **对境遇的偏执：**
| 清空它，遇见更好的改变

001 人生的境遇不是绝对的 087

002 得意可以，但不能忘形 090

003 跌倒会难过，但一定要再爬起 093

004 顺境时节制，逆境时坚持 097

005 不以发火的方式解决问题 100

第六章 | **对浮华的向往：**
| 清空它，一切可以变得恬淡简单

001 平平淡淡才是生活的真实 105

002 清理心中堆积的杂物 108

003 不被身外之物主宰生活 111

004 一个人也可以守住人生 114

005 用内心的平静化解生活的琐碎 118

006 用减法过一种简约的生活 121

007 把复杂的情况简单化 124

第七章 | **对得失的计较：**
清空它，遇事便能从容不迫

001　放下，就是一种获得　　　　　　　131

002　平常心：拥有和失去同等重要　　　134

003　建立精神的富足　　　　　　　　　138

004　打扫心灵，为成败预留位置　　　　141

005　在得失的历练中学着坚忍　　　　　144

第八章 | **对苦乐的纠结：**
清空它，快乐将会不期而至

001　苦乐人生如何选择　　　　　　　　151

002　让快乐"顺其自然"　　　　　　　154

003　不切实际的人不会快乐　　　　　　158

004　发现方向错误，就改变方向　　　　162

005　将过去放下，让未来等待　　　　　164

006　该丢掉的时候，不再犹豫　　　　　168

第九章 | **对进退的犹疑：**
清空它，拥有进退有度的豁达

001　退后，一种宽容的姿态　　　　　　175

002　前进，不争眼前利益得失　　　　　178

003　进时先规划，退时不贪心　　　　　　181

004　进退与荣辱无关，不必介怀　　　　　184

005　退后，有时也是一种前进　　　　　　187

第十章 ▏对自我的迷失：
清空它，活出真实的自己

001　认识真实的自己，这很难得　　　　　193

002　用自我反省取代怨天尤人　　　　　　196

003　越能放下，越快乐　　　　　　　　　199

004　寄希望于现在　　　　　　　　　　　206

第十一章 ▏对善意的误解：
清空它，生活会给出最好的报答

001　不以善小而不为　　　　　　　　　　213

002　能行善事而不图人知　　　　　　　　216

003　美好的事都是从"小"开始的　　　　218

004　行善，可以让自己更健康快乐　　　　221

005　帮助别人，也是在帮助自己　　　　　224

006　警惕：别让自己成为"滥好人"　　　　226

第十二章 | 对怨怒的固执：
清空它，与世界更加亲和

001　当心宽广，才能容得下更多　　　　231

002　有气，先化解再做事　　　　235

003　学着感恩身边的人和生活　　　　239

004　列出你现在拥有的，并开始珍惜　　　　242

005　忘记怨恨，然后原谅、遗忘　　　　246

006　转换角度，将抱怨转化成感恩　　　　250

007　如何恰当地对待愤怒　　　　254

008　善待别人就是善待自己　　　　259

第一章 | 对名利的执着：

清空它，梦想不再沉重

一个人光溜溜地到这处世界来，最后光溜溜地离开这个世界而去，彻底想起来，名利都是身外物；只有尽一人的心力，使社会上的人多得他工作的裨益，是人生最愉快的事情。

——邹韬奋

·001·
放空会收获一份轻松

很多人一生都在追求名利，在汲汲营营中过完了忙碌的一生，到头来却发现自己被这些身外之物压得透不过气来，而放空了名利心，就放下了各种烦恼，就能收获一份轻松。

人一生下来就面对一个五彩缤纷的世界。如不能放下名利，人们会在"人比人气死人"的心理下产生嫉妒心；在蝇头微利面前言不由衷；在逢迎拍马中殚精竭虑；为一得而忘乎所以，为一失而灰心丧气……

有了这种名利物欲之心，你富了，还会"得一千，想一万"；你名利双收了，还会"昨怜破袄寒，今嫌紫蟒长"；黄道无缘，你会诅咒命途多舛，宏图受阻，你会哀叹力不从心……从而使你陷入心力交瘁的泥潭而郁郁寡欢。

有一个富翁背着许多金银财宝，到处去寻找快乐，可是找了很久都未能找到他想要的，于是他沮丧地坐在山道旁。

一农夫背着一大捆柴草从山上走下来，富翁拦住农夫问："我家财万贯，衣食无忧，请问，为何我没有快乐呢？"农夫放下沉甸甸的柴草说："你想要快乐？很简单，放下！"

富翁茅塞顿开：自己背负那么多的珠宝，老怕被人暗害，又怕珠宝被别人抢，整日忧心忡忡，快乐从何而来？于是富翁将珠宝、钱财用来救济穷人，在他看到那些穷人快乐生活时，他从中尝到了快乐的滋味。

世界上第一个不使用氧气登上珠穆朗玛峰的人，当他下山后别人问他成功的秘密时，他郑重其事地说："这没什么秘密，我知道大脑是一个重要的氧气源，科学家告诉我们，各种思想在大脑中相互撞击时竟要消耗我们吸入全部氧气的40%，所以，为了减少对氧气的消耗，我只有向前这个念头，至于其他的任何想法我都把它们从脑子里抛掉。没有任何的杂念，我就等于放下了一个背在身上的巨大的包袱，轻松地向前。这就是我成功的全部秘密。"

放下名利心，你就能"不以物喜，不以己悲"，并拥有"宠辱不惊，看庭前花开花落；去留无意，望天上云卷云舒"的豁达，从而成为自己心灵的主宰，去自由自在地塑造你的心境。

人只有让自己的潜质得到最充分的发挥，他的人生才会变得丰厚起来。英国化学家法拉第早年投身到戴维主持的皇家研究所做研究员，做些杂务工作。正当法拉第在化学领域勤奋耕耘并频频取得成绩时，戴维劝导法拉第去做行政管理工作。法拉第断然拒绝，并继续从事他的研究，最终在该领域一枝独秀。他说："如果我去从政，我充其量只是充当别人的幕僚而已，我的潜质告诉我适合从事哪种工作，我不能不珍惜。"是的，一个成就大业的人，首先应该是一个了解自己、懂得珍惜的人，是一个懂得"放下"的人。

很多人利欲熏心，陷入你争我夺的境地，快乐从何而来？他们往往一整天心事重重，做梦都半夜惊醒，老疑神疑鬼，阴翳不开，快乐又怎么会与你有缘？放下就是快乐，拨开云雾，卸下心灵的枷锁，在平平凡凡的生活故事中，你将有一种轻松如风、畅快淋漓的感动。

其实，每天发生在我们生活周围的很多悲剧，往往就是无法放下自己手中已经拥有的"东西"所酿成的：有些人不能放下金钱，有些人不能放下爱情，有些人不能放下名利，有些人则是不能放下不应该执着的执着。然而，如果你能够领悟"放下"的道理，你将会有一种如释重负的感觉。因为只有懂得放下，才能活在当下，心中的那扇天堂之门，才会为自己敞开。

尼尔·唐纳·沃许在《与神为友》一书写道："我不会'抓紧'任何我拥有的东西！我学到的是，当我抓紧什么东西时，我才会失去它，如果我'抓紧'爱，我也许就完全没有爱，如果我'抓紧'金钱，它便毫无价值，想要体验'拥有'任何东西的唯一方法，就是将它'放掉'！"

放空是一种心态、一种精神，更是一种品格、一种境界。放空了自我，才能想到别人；放空了个人，才能想着国家和人民；放空渺小和卑劣，才能赢得伟大与崇高。因此，放空，也是一种智慧、一种幸运。放空，才会收获一份轻松。

·002·
忘记名利，更容易发现身边的快乐

有了淡泊名利的平常心，你就会发现，快乐其实就在生命中不为人注意的某个瞬间、某个角落，快乐就在你身边。

人皆有名利之心。司马迁在《史记·货殖列传》里写到："天下熙熙，皆为利来；天下攘攘，皆为利往。"曹雪芹的《红楼梦》开篇偈语就是"人人都说神仙好，唯有功名忘不了"。追名逐利，成为了生存法则，无数人在其中饰演着悲欢离合的角色。有些人把名利看得很重，必将被名缰利锁所困扰。

现实中有不少这样的人，当名利尚未得到时，他会尽心竭力、惨淡经营，甚至把名利当作自己生命的支柱而孜孜追求；待名利得到后，还要机关算尽、战战兢兢、如履薄冰，唯恐一个闪失而丢官失利，弄得自己身心交瘁，未老先衰，宁愿承受如此这般的非人折磨，就是拥有不了淡泊名利、笑看人生的做人心态。他们的可悲之处在于，既不知名利为何物，也不知应当怎样去获得名利，更不知应当怎样去驾驭个人名利。由于这诸多的"不知"，总是把名利看得过重，总是看不清名利，也得不到名利，不但得不到，还每每走向反面——被名利所捉弄。其根源就在于，他们只记住了"利"，而忘记了"义"。

从年轻时代起她就认真地宣誓，将来要住进豪宅，出门要有轿车代步，衣服要追逐时尚，饰品要讲究名牌，每天吃山珍海味，进出大门有仆人迎送，子女也要个个出色。

20年过去了，豪宅、仆人、轿车、精品、美食、子女已样样不缺——但她还是觉得不够，总希望所有的东西都能更气派、更华丽。为此，她积极地将一笔笔钱拿去做投资，或用来将家里的生活品质努力精致化。她也继续严厉管教孩子，要他们好上加好。再将剩余的精力投注在生活中不够理想的地方。

就在她以为这辈子终于可以开始高枕无忧时，她的噩梦开始了。

好不容易栽培成的优秀青年——她最为重视的儿子，在一次和父母大吵后潇洒地将门一摔，两手空空地离开，从此再没他的消息。她最宠爱的小女儿进了大学，执意不选她梦寐以求的音乐系，反而读了她认为毫无出路的中文系，整天关在房里写文章做着作家梦。

更难过的是女儿虽然不像儿子完全脱离她，但女儿毕业后就出去赚取自己的生活所需，存够了钱就邀朋友一同外出旅游。回家后又把自己关进自己的小天地里，虽还住在同一个屋檐下，但其实和离家出走的儿子并无两样。

她的先生自始至终都在埋头赚他们最爱的钱，她开始觉得自己好像住在高级、精美的真空罐里。

几年又过去了。某个傍晚，女儿一如往常地晚归，看到母亲独坐在客厅沙发上，淡淡地说："我想在 6 月份结婚。"

她吃惊极了。女儿什么时候交了男朋友，她竟毫不知情？

再三追问下，女儿才简单地回答："反正不会是爸妈合意的对象，只是个穷小子，但我知道我在做什么，不管你们怎么想，6 月份我都会结婚。"

她不死心，平淡的日子多难过？她不希望女儿吃和她一样的苦。她劝女儿打消嫁穷小子的念头，甚至不惜威胁：如果不听话，我就不为你们办一场豪华的婚礼。

女儿听后，回到房间拿出空白的结婚证书，搁在她面前："请告诉我，除了这张纸，外加一点公证费，结婚还需要什么？"

她支吾了半天，答不出来。

女儿又指着她从头到脚所有昂贵的行头，一件一件地数，包括屋里大大小小她引以为豪的摆设和车房里人人歆羡的几辆进口名车："没有这些，日子会过不下去吗？我情愿不要这些，换回爸爸在家的时间，换回你好好地看我一眼……"

这是女儿结婚前和她所说的最后几句话。再看见她时，已经披上婚纱。从此，她们之间的距离，继续无止境地扩大……

我们很容易将工作单单视为换取金钱的手段，不计代价地将自己投入工作，再将赚到的钱拿来填补生活的缺口——这原本是很单纯的谋生方式。然而，当我们剥夺太多的单纯与平实，以过多的奢华来装饰自己时，就得牺牲我们生命中重要的关系去填补。这些关系往往是我们最亲近的人，很多时候甚至得放弃自己。

一个人要掌握金钱还是被金钱掌握，全看他受多少金钱吸引，以及他是否看得到金钱以外其他更重要的东西。

保持一颗淡泊名利的平常心，在朴实无华的心境中生活，于寂然中品味人生的艰辛，于宁静中净化自己的灵魂，你才不会因怀才不遇而怨天尤人，才不会为暂时的得失而牢骚满腹，才能做到得意时不张狂，失意时不沮丧。平常心，它能使我们在沉迷中变得清醒，在贪求中变得淡泊，对什么事都能拿得起，放得下，看得开。

一个拥有平常心的人，他没有不满，没有怀疑，没有嫉妒，没有牢骚，没有抱怨，没有恐惧。所以他是生活在满足中的人，他的人生是享受的人生。有了淡泊名利的平常心，你就会发现，快乐其实就在生命中不为人注意的某个瞬间、某个角落，快乐就在你身边。淡泊名利，看到别人享受荣华富贵而不羡慕；看到别人拥有家财万贯而不嫉妒，珍惜自己所拥有的一切；从精神上摆脱物欲的羁绊，懂得欣赏他人的荣耀、成就和美丽。保持平常心就是对功名利禄、荣华富贵视为过眼云烟；把匆匆过往的人生看作一次旅行，所有的成功和失败，所有的输或赢都是自己参与在内的一场观光。

·003·
将名利置于人生合适的位置

名利是人生的枷锁，正确地对待名利，你才能成功地挣脱名利的枷锁，轻松地过完人生。

名利终究是人生的枷锁，很多人受尽其累却不知悔悟，有些人甚至为了一时之名而失去自我，失去所有。天性淡泊名利，即使立下了汗马功劳也不要求做什么封疆大吏，也不要求位高权重，只想重新回到过去快乐无忧的生活，吹笛牧羊，不受名缰利锁的羁绊，自由自在，更不用绞尽脑汁地谋划和算计，何乐而不为？

在一个风和日丽的中午，一个富翁到海边散心，看到一个渔夫悠闲地躺在沙滩上晒太阳，他好奇地走过去，于是二人便有了下面的一段对话。

富翁："你没有出海捕鱼吗？"

渔夫："已经捕回来了。"

富翁："为什么不趁天气好多捕一些呢？"

渔夫："多捕一些干什么，吃不了也浪费。"

富翁："多捕一些你可以去卖钱呀。"

渔夫："卖了钱干什么？"

富翁："卖了钱你可买大船啊。"

渔夫："买大船干什么？"

富翁："买了大船你可以捕更多的鱼。"

渔夫："捕更多的鱼干什么？"

富翁："捕更多的鱼你可以卖更多的钱。"

渔夫："有更多的钱又干什么？"

富翁："有了更的钱你可以买更大的船，捕更多的鱼。"

渔夫："买更大的船，捕更多的鱼干什么？"

富翁："你买了更大的船，捕了更多的鱼，就可以卖更多的钱。有了更多的钱，你就可以盖漂亮的房子。"

渔夫："我出海捕鱼，盖漂亮的房子干什么？"

富翁："有了很多很多的钱，你就不用出海打鱼了。"

渔夫："那我做什么？"

富翁："到时候你什么也不用做了，可以天天可晒太阳享清福了。"

渔夫："我现在不是已经在晒太阳，享清福了吗？"

于名利而言，能而不为，有而不重，是为淡泊，是一种高雅超脱。人生的所求所为，名利也好，淡泊也好，选择艺术或逍遥也好，都是人生的一种选择，都有它存在的理由和原因。但是需要有一定的衡量标准来量度究竟什么最能让人充实和幸福。人生百态，法无定法，理无定理，皆是各人自己的一孔之见，孰高孰低，也难一言以蔽之。但淡泊能使人不拘于外物，不以物喜不以己悲，进退皆能淡然处之，此一点乃是人生追求的至高境界，可作为衡量的标尺。

有一个人，整天烦恼缠身，患得患失，什么事情也不想做，于是就去寻找能够解脱烦恼的秘诀。

有一天，他来到一个山脚下，看见一片生长着绿油油的草地的牧场，有一个牧羊人骑着马，吹着笛子，传出悠扬的韵调，非常地逍遥自在。于是他就问这个牧羊人："你怎么这么快乐？能教给我怎么才能像你一样快乐，没有烦恼吗？"

牧羊人说："没什么，骑骑马，吹吹笛，什么烦恼也没有了。"

他试了试，但却改变不了他的烦恼的状态，于是，他放弃了这个方法，又去寻找新的解脱的途径。不久，他看见一个老者在洞中修行，面带微笑，看起来是个智慧的人。

他深深地鞠了一个躬，向老者说明来意。老者说："你想寻找解脱吗？"

他说是。老者说："有人在捆住你吗？"

他说没有。老者又说："既然没有人捆住你，何谈解脱呢？人往往是自己不能醒悟，凡事执迷不悟，岂不知做人要几分淡泊，名和利都是羁绊，你若执着，哪有解脱呢？"

烦恼和羁绊都是由于自己的不能舍弃或是看得太重而引起的。尤其是名利二字，人都离不开，谁能撇开这两个字去为人处世呢？人生于世，君子圣贤雅士也好，小人俗人凡人也好，谁也不能无所谓地舍弃。俗人爱财，君子就不需要么？圣贤若是没了一日三餐，也要去赚钱的。但不要执着，要懂得舍弃，这样做才是俗世的淡泊。

庄子在濮河钓鱼，楚国国王派两位大夫前去请他做官，他们对庄子说："想将国内的事务劳累您啊！"庄子拿着渔竿没有回头看他们，说："我听说楚国有一只神龟，死了已有三千年了，国王用锦缎包好放在竹匣中珍藏在宗庙的堂上。这只神龟，它是宁愿死去留下骨头让人们珍藏呢，还是情愿活着在烂泥塘里摇尾巴呢？"

两个大夫说："情愿活着在烂泥塘里摇尾巴。"

庄子说："请回吧！我要在烂泥塘里摇尾巴。"

有些人可能贪婪于名利、不顾其他；有些人于名利则很淡漠，名利之外还有更高雅的追求；君子于名利，可谓取之有道，小人则可能不择手段。所以求名利者未必就不淡泊，要看将名利置于人生的何种位置，名利之外还有什么，更要看用什么方法手段去求取名利。名利轻时能淡然处之，能得到社会的承认和有所收获当然也快乐。既不想贪婪于名利，也不须刻意的淡泊，只是任其自然罢了。

·004·
把握追求的"度"

一个人做任何事情都要有个"度"，欲望也是一样。在声色名利上，理智的人往往适可而止，"度"掌握得恰到好处。

贪婪指一种攫取远超过自身需求的金钱、物质财富或肉体满足的欲望。贪婪的个体往往被视为对社会有害的，因为他们的动机常忽视其他人的福利。然而，贪婪渐渐为西方文化所接受，因为获取财富的欲望被认为是资本主义的重要组成部分。

贪婪之人永远不知足，他们的欲望永远是个无底洞。具有贪婪性格的人，会无休止地索取，到头来，过去得到的也都将失去。这是为什么呢？因为他要得到他想要的东西，有时会费尽心机、不择手段，甚至走向极端。

物极必反，能不付出代价吗？

寒冷的一天，一个商人牵着骆驼过沙漠，晚上支起帐篷睡觉了。半夜时分，门帘被轻轻地掀起了，那头骆驼在外面把脸探了进来，商人被弄醒了。

骆驼说："主人，外面风沙太大，吹得我睁不开眼，求你让我把头伸到帐篷里来好吗？""没问题！"慷慨的商人说。

骆驼就把它的头伸到帐篷里来了，商人挪地方，很快就睡着了。

过了一刻，骆驼又把商人弄醒，说："我这样站着很别扭，干脆你让我进来半个身体吧！"善良的商人同意了，而自己只好移到帐篷最里面，坐着休息。

接着，骆驼又开口了："我这样站着，撑开了帐篷门，反而害得我们两个都受冻，不如你让我整个身子站到里面去吧！"

说完，骆驼整个身子挤进帐篷里，一脚把商人踢到帐篷外。

在面对名利时，如果只想贪图，欲望的沟壑永远也填不满。贪心的人有一个共同特点，那就是忽略了自己的弱点，不顾一切地去满足自己的欲望。这时，即使危险摆在他的面前也无动于衷，无法看到危险所在。

古时候有一个国王非常富有，但他还是不满足，希望自己更富有。他希望有一天，只要他摸过的东西都能变成金子。后来，这个愿望终于实现了。天神给了他一份大礼，只要他伸手摸任何物品，那个物品就会变成金子。他伸手触摸家中的每样家具，顿时，那些家具就都变成黄澄澄的金子了。此时，国王心爱的小女儿跑了过来，国王无意间伸手拥抱了她，他的女儿立刻变成了一尊冰冷的金人。

贪得无厌常常使人失去清醒的头脑，为了一点蝇头小利而失去很多宝贵的东西，甚至是生命。

贪欲就像一条锁链，一环套着一环，永不能满足。贪欲又如同一把干草，点火之后，拿着这支火把逆风而行，火就会愈烧愈大，很快就会烧到手心，若不能防守便会烧到手腕，再不放开就会祸及自身。所以人要学会看淡，舍弃，保持一份淡泊。淡泊，就是要人们超脱红尘的诱惑、世俗的困扰，平淡地看待世间一人一事，豁达地面对人们的一得一失。如果说贪欲是抓住别人的手，那么淡泊则是守住自己的心。淡泊使人心平如镜，纵使万物入镜，心依然不染尘埃。

在生活中，是什么让我们不能心胸开阔，整日被忧郁、烦恼、焦躁、痛苦所占据？是贪欲。贪欲不仅会为我们带来许多的痛苦及失望，而且它们本身含有极大的危险性。所以我们要放下贪欲心，只有放下贪欲，才会远离痛苦。

有些人对个人名利看得相当重要。时下找领导个别谈话的，相当多的是反映个人的"实际问题"，说白了是个人名利问题。一些单位人际关系紧张，说到底还是名利问题引起的。有些同志平时也认为应该把名利看得淡一些，可是一旦到了调职、调级、立功的时候，往往是"看得破，忍不过；想得到，做不来"。于是，忍不住还要去争一争。有时，忍住了，但心里仍感觉不平衡。那么，怎样才能解决这一问题呢？

首先，要做到志存高远。人生总会有所追求，一个人如果心中没有远大的目标，势必就会看重眼前的名利。要淡泊名利，无私奉献，总要有肯于为之奉献、为之牺牲的东西。有的人之所以看重名利，计较得失，并不是因为物质生活上更需要，或者因为荣誉感一下变强了，而恰恰在于理想淡漠了。失去了远大的目标，自然就会看重眼前的名利。

其次，要做到不攀比。不少人的真实心态，有时并不是计较一职半级，也不是缺钱，而是出于同他人比较后产生的挫折感、失落感、不公平感。因此，要想淡泊名利，就必须学会正确比较。

再者，要做到控制物欲。名利本身并不是人生追求的最终目的，追求名利主要还是为了满足欲望。因此，要淡泊名利，无私奉献，必须从根本入手，控制住自己的物欲。俗话说，"世上莫如人欲险"。如果抵御不了这种诱惑，总想高消费，过上等人的生活，而靠现有条件又满足不了，那就必然会去争，甚至有可能走上违法犯罪的道路。一个人的物欲越强，他的名利思想也就越强。反之则比较容易淡泊功名，达到"人到无求品自高"的境界。

人活在世上，无论贫富贵贱，穷达逆顺，都免不了要和名利打交道。名可以带来利，利可以带来烦恼，过重的名利思想更会给人带来无穷的烦恼。因此，树立正确的名利观，对我们每一个人来说都是十分必要的。

·005·
回归平淡的生活状态

回归平淡也是一种社会心态。在当真的现实生活，人们都追求真真实实地做人，踏踏实实地做事，平平淡淡生活境界中，回归平淡，也成了一种时尚。

人的一生是崎岖不平的，总会遇到高山险川，那是你施展才华，铲除障碍的时刻。但人的一生大部分时间是在平淡的生活中度过的。在这平淡中有着深情，有着实实在在的幸福。在平淡的生活中提高自身的修养和质量，懂得生活并学会保鲜；懂得浇灌和品味柴米油盐的平淡日子，每天享受阳光的照射、雨水的滋润，给平淡的生活增添一份恬静并诗情画意的温馨与浪漫。

当代大学者钱锺书，终生淡泊名利，甘于寂寞。他谢绝所有新闻媒体的采访，中央电视台《东方之子》栏目的记者，曾千方百计想冲破钱锺书的防线，最后还是不无遗憾地对全国观众宣告：钱锺书先生坚决不接受采访，我们只能尊重他的意见。

上世纪 80 年代，美国著名的普林斯顿大学，特邀钱锺书去讲学，每周只需钱锺书讲 40 分钟课，一共只讲 12 次，酬金 16 万美元。食宿全包，可带夫人同往。待遇如此丰厚，可是钱锺书却拒绝了。

他的著名小说《围城》发表以后，不仅在国内引起轰动，而且在国外反响也很大。新闻和文学界有很多人想见见他，一睹他的风采，但都遭他的婉拒。有一位英国女士打电话，说她读了《围城》非常想见他。钱锺书再三婉拒，她仍然执意要见。钱锺书幽默地对她说："如果你吃了个鸡蛋觉得不错，何必要一定认识那只下蛋的母鸡呢？"

让我们再看看下一个故事：

陶渊明是中国古代著名的文学家，他不仅诗文非常有名，而且更因他远离官场是非地，享受人生真滋味而为人熟知。

陶渊明生活的时代，朝代更迭，社会动荡，人民生活非常困苦。公元 405 年秋天，陶渊明为了养家糊口，来到离家乡不远的彭泽当县令。这年冬天，他的上司派来一名官员来视察，这位官员是一个粗俗而又傲慢的人，他一到彭泽县的地界，就派人叫县令来拜见他。

陶渊明得到消息，虽然心里对这种假借上司名义发号施令的人很瞧不起，但也只得马上动身。不料他的秘书拦住陶渊明说："参见这位官员要十分注意小节，衣服要穿得整齐，态度要谦恭，不然的话，他会在上司面前说你的坏话。"

名利的烦扰让一向正直清高的陶渊明再也忍不住了，他长叹一声说："我宁肯饿死，也不能因为五斗米的官饷，向这样差劲的人折腰。"他马上写了一封辞职信，离开了只当了八十多天的县令职位，从此再也没有做过官。

从官场退隐后的陶渊明，选择了一种淡泊的生活。他在自己的家乡开荒种田，过起了自给自足的田园生活。在田园生活中，他找到了自己的归宿，写下了许多优美的田园诗歌。

他写农家人生活的悠然自得："暖暖远人村，依依墟里烟"，他写自己劳动的感受："采菊东篱下，悠然见南山"，他也写农人劳作的甘苦："种豆南山下，草盛豆苗稀"、"不言春作苦，常恐负所怀"。他把桑、麻、鸡、狗等平凡事物写入诗中，无不生趣盎然；他描写大自然的亲切，常常能激起人们的无限向往。

除诗之外，他还给后人留下不少精美的散文，其中最著名的有《桃花源诗并记》等。官场中少了一位官僚，文坛上多了一位文学家。

陶渊明"不为五斗米折腰"，不为名利牵绊，也成为中国知识分子刚直不阿、不趋炎附势的写照，给后人留下了淡泊处世的例子，让自己的人生更为丰满。

平淡是一种生活的状态。大多数人在大多数的时间里都是处在这种状态下的。工人去车间里干活，农民去田地里干活，老师在课堂上教书，文员在电脑前工作，这就是生活的常态。坦诚接受平淡的现实，尽情地享受这份难得的平淡时光，将是人生一大幸事，如果能抓住这个机会，充分利用这段宝贵的时间，将会为你的成功创造更多的机会。如果你不想因为聪明而太劳累，那么做个简单、平和的人也是一种幸福。

·006·
别让虚名和自我本末倒置

适度的追求名望并没有什么过错，但若在名望中沉沦，一生都在追求名望中忙碌，到头来只能为名所累，身心不得自由。

中国自古以来就认为出人头地、光宗耀祖是成功。中国的武官打仗打胜了，大都要荣归故里，而文人一旦金榜题名，也肯定要衣锦还乡的。项羽的话最能说明问题："富贵不归故乡，如衣锦夜行，谁知之者！"可以说，他们所做的一切努力，都是为了享受"归故乡"的荣耀，体验人人仰视的快乐。

当然，在中国也一直存在着反对追虚逐妄，强调名副其实，忌讳声闻过情的理性的声音。王阳明在《传习录》中说："为学大病在好名。"薛侃则以自己的"务外为人"的亲身体验，说明了"闻誉而喜，闻毁而闷"的"好名"之病。王阳明随即对名与实的关系做了这样的说明："务实之心重一分，则务名之心轻一分。全是务实之心，即全无务名之心。若务实之心如饥之求食，渴之求饮，安得更有工夫好名？"又说："'疾没世而名不称'，'称'字去声读，亦'声闻过情，君子耻之'之意。实不称名，生犹可补，没则无及矣。四十五十而无闻，是不闻道非无声闻也。孔子云：'是闻也，非达也。'安肯以此望人？"阳明先生可谓用心良苦。他以"务实"来去除"务名"之病，在古代也许行之有效，在今天，这样的劝告，类乎东风射马耳，是会被人讥为出格不通之论的。

对许多人来讲，追求名气的愿望实在是难以遏抑的，以至于休谟甚至把这种愿望和倾向看作先天的和本能的：大自然"通过我们心灵的内在结构和组织而赋予我们以对于名望的原始倾向"。总之，从积极的方面看，适度的好名，意味着适度的自尊，是正常的、自然的事情，是不应该受到嘲笑和否定的。但是，名气还有另一面，它像酒色、权力和金钱，也是腐蚀人的一种异化性力量。它让人变得求名若渴，贪多无厌，甚至到了失去理性、不顾颜面的程度，结果弄到名实两乖、徒增笑料的地步，给些人留下茶余饭后的话题和谈资。

话说古时候有一个幕僚，他生性愚钝，却又十分贪图名声。一日同僚聚会，推他为东道主。为避免当场出丑，他预先召齐众歌妓，一一问明乐曲名目，记在一张纸条上。等客人到齐，请他点曲。他却误将一张药方拿了出来，见上面写着"附子三分，当归四分"几个字，便喊道："且奏附子、当归送客！"顿时满座哗然。

按王羲之的说法，这种人可以叫作"啖名客"，啖者吞也，就是不管生熟冷热，想一口吃个大胖子。但这幕僚实在不幸，"啖名"不成，反而被人笑掉了大牙。于是在这花花绿绿的舞台上，我们的丑角和"俊角"们为了求得一个好名声，上演着一出一出的滑稽剧，"弄巧"了的有，"成拙"的也不在少数。

这幕僚大体属于后者。本无慧根，如何求得好名声？那就只好走捷径，不懂装懂。装砸了没的说，如果真能装得别人看不出来，自然就捡了便宜，暂把名声赚入囊中，留作以后大买卖的本钱。先人把这伎俩叫"盗名"，真是形象得很。明人瞿汝稷撰《指月录》，搜罗佛门公案甚夥，后来僧俗学禅者皆人手一册，以为谈资，其实都是一知半解，不懂装懂。有个叫余怀之的人实在看不下去了，当头棒喝道："究其所学，下者目不识丁，高者不过携《指月录》一部而已！以此诳人，实以自诳；以此欺人，实以自欺。"可余怀之有一点没看透，欺人事小，欺世事大。

虚名害人，人所共诛之；虚名害己，却又往往为人所不觉。于是名声这东西便在无意中给你这架生命的发动机上紧了发条，让你像机器人一样勇往直前，直至精疲力尽，到那时你也许才明白，自己所殉葬的竟是一个彻头彻尾的虚幻的影子。

·007·
日程不排满，给自己保留空间

很多人认为忙才是珍惜人生，忙才是生活的主题。殊不知，真正懂生活的人不应该把自己的生活填得太满，而是要多给自己留些空间。

我们习惯把每天的日程安排得满满的，一刻不停地奔波，即使再累，也都支撑着。而实际上，很多时候，盘旋在我们脑海里的是工资、职称、房子、车子、荣誉、面子等，我们疲于奔命，忙于应付，工于算计。结果，没有让身心放松、舒展，没有闲暇时间思考，让承载生命的机体处于永动的状态。这样只能缩短生命旅程，使本可以为社会多做贡献的躯体提前衰老，使原本充满生气动力的生命机器也因过度损耗而处于瘫痪状态。

在信息社会的今天，我们是不是不愿再倾听亲朋好友的"啰唆"？不想再拿起电话与老同学回忆往事？失去了过去的那种淳朴与激情？还有时间陪着孩子郊游，还有心情伴着爱人散步吗？还想到电影院看部情感片，还愿到图书馆翻本好小说吗？是否还能体味"茅檐相对坐终日，一鸟不鸣山更幽"的境界？是否还有心情感觉"接天莲叶无穷碧，映日荷花别样红"的美妙？是否还愿意"停车坐爱枫林晚"，享受"霜叶红于二月花"的浪漫？是否还记得"春色满园关不住，一枝红杏出墙来"曾经带给我们的兴奋？观赏着"明月松间照"的风景，感受着"清泉石上流"的意境？

书法有一种技巧叫飞白，国画有一种讲究叫留白。飞白也好，留白也罢，说白了就是要恰如其分地给有限的空间留些空隙。

从事建筑业的人都知道，在建筑物与建筑物之间，必须要留出空地或通道，如果缺少活动的空隙，再精美的建筑，消费者也会望而却步。

木工师傅在铺设木地板或制作家具时，往往特地在木板间留一条缝隙。初看起来，让外行人觉得纳闷，将木板拼得天衣无缝，那是既整齐又美观。其实不然，木板有热胀冷缩的特点，这缝隙是非留不可的。园林留白，空间的旷远和花草的疏朗，也是一种高明的手笔。

给生命留出些空隙吧，有了空隙，人生就有了缓冲的余地，有了可收可放的活动空间，就可以随时随地调整自己的进退，就会滋生出无穷无尽的留恋和回味。

诸多事物，从整体到局部，都需要有空隙的存在。拿居室装饰来说，复杂繁多的装饰反而会使房间失去简约之美，一个房间如果充满收藏和装饰品，反而失去了它的高雅，显得拥塞凌乱。相反，如果墙面的大部分面积以及居室的大部分空间都留有空白，则会令人心旷神怡，留给人以无尽的想象空间。

对事如此，对人更是如此，有了闲隙，就有了兼容性，就有可能达到常人不及的境界。如果苏轼不是因为得不到重用，数次贬官，就很难留下众多字字珠玑的千古奇文；如果李白不是因为得不到青睐，就不会携一柄长剑，浪迹江湖，也就难得有照彻半个盛唐的诗意的月光了。

其实，"留白"不仅仅是艺术和生活的境界，更应该成为生命的境界。

生命不能安排得太满，不能没有空白。我们大半生为养亲育幼，为职称房子，为事业功利，为许许多多无可回避的事奔走劳碌，生命被瓜分得支离破碎。步入老年，我们要为自己保留一份空白时间，让俗世中蒙尘的心灵得以净化，疲惫的身体得以休憩和修复，让生命有自由伸张、飞翔拓展的空间。生活不可填得满满当当的，倘若真成那样，那么人生将承受不可名状之重负和痛苦。

有一个人很害怕死亡。

他心里想着：死亡是在前面呢？还是在后面呢？

他想到：人总是在往前跑的时候死亡，例如飞机失事、车祸丧生。所有的动物也都是在往前逃命的时候，被捕杀的。从来没有动物是在后退时丧生，所以，死亡是从后面追赶的。

他得到一个重要的结论：要避免被死亡追上的唯一方法，就是走得更快速、更匆忙。

于是，他每天总是行色匆忙，不论是吃饭、工作或走路，都比从前的自己快了三倍。

有一天，他匆匆忙忙的赶路时，突然被一个白胡子的老人叫住。

老人问他说："你如此匆忙，是在追赶什么呢？"

他说："我不是在追赶，我是在逃开呀！"

"逃开什么呢？"老人问。

"逃开死亡！"

老人说："你怎么知道死亡是在后面呢？"

他说："因为所有的动物都是在往前逃命被死亡追上的。"

老人说："你错了！死亡不是在起点时追赶，而是在终点时等候的。不论你跑快或跑慢，都会抵达终点。"

"你怎么知道？"

"因为我就是死神呀！"老人说。

那个人大惊失色地说："你今晚会出现，莫非我的死期到了？"

死神说："喔！你不用害怕，你的死期还没有到，只是你一直跑得太快，我的兄弟活着一直向我抱怨，说赶不上你，如果你不和他会合，和死亡又有什么两样呢？他特别请我通知你慢一些呀！"

"我要如何才能和活着会合呢？"

死神说："首先，你要站着不动，把心静下来，然后你要环顾四周，用心体会、用爱感觉、用所有的力量来品味，活着就会赶上你了。"

当他把心静下来的时候，老人说："你回头看看，我的兄弟来了。"

他一回头，老人不见了，却看见了从来没有看见的、美丽的街景。

生活并不只是追赶财富、权力和容貌，更重要的是自己的感受，和周围人的相处。不要自己太忙碌，不要把自己装得太满，在平凡的日子里，珍惜周围的人和事物！

给生活"留白"，是为了解开名缰利锁，让生命不再有所羁绊；给人生"留白"，是为了让生命在自我关怀中享受从容的滋养；给人生"留白"，是为了拉长生命之弦时不至于一下绷断。由此看来，人生的"留白"

是一种无为而治的悠然，是一种闲适隐逸的自然存在，是人生的一种智慧和哲学。

给人生留白，这样，心宽了，人生之路也就更加平坦了。为了自己的健康，为了家人的幸福，更为了自己的将来，珍惜自己的一切，为美丽的人生留一点空白，那将更显示它的光华璀璨！

第二章 对成功的急迫：

清空它，在喧嚣中保持内心平和

现代社会的浮躁之处在于人人都在迫切地追求成功，速成成为每个人追求的目标。急速往往让人浮躁，让成功的含量变得不再纯粹。慢慢来，反而比较快，当对成功不再那么迫切，那么急躁，即使世界再喧嚣，你也能保持内心的平静。

·001·
比追逐更重要的事：保持内心的淡泊

淡泊以明志，宁静以致远。淡泊宁静是人的一种生活态度，更是一种人生的境界。

人生如戏，在社会这个大舞台，每天都在上演着不同的悲喜剧。为了生存，为了责任，为了事业，为了理想，每个人都在扮演着不同的社会角色。然而更多的时候，人们为了不同的利益，受制于名缰利锁的束缚，屈从世俗，俯仰权势。丧失了本真的自我，成为了一个戏中的角色，在自愿或不自愿，自觉或不自觉的表演着。很多时候，如木偶一般，笑语喧哗，人影晃动，但却身不由己。看似热闹，实则与人生追求快乐幸福的目标背道而驰。

人性太软弱了，经不起功名利禄的折磨，如果你贪恋富贵，就会被富贵搅得寝食不安；如果你沉迷酒色，就会跌进酒色的陷阱；如果你追逐金钱，就会被金钱牵着鼻子走；如果你热衷名利，那就会被套上名缰利锁，只会依附权贵，看脸色行事……

在人生舞台上，还原真我，尽量剔除演戏的成分。需要人生的智慧，更需要一种淡泊宁静的心态。与淡泊相反的是人类的欲望。要扼制住人的过度欲望，不使其成为脱缰的野马，既要靠一个人的思想修养，又要靠勇气和信心。人只要具有了淡泊之心，才不会为尘俗所迷，为物欲所困，为诱惑所动。也才会心境明净，不容尘埃。

当然，淡泊不是安贫乐道，更不是甘于平庸，不思进取。淡泊是为人处世的人生情怀，更是一种令人向往的人生境界。古人云，不以物喜，不以己悲。先贤的智慧，穿越悠久的时光隧道，至今仍然在指导着我们生活的方向，温暖着被尘埃蒙蔽的人心。

人生苦短，岁月易老。一个人如果欲望太多，金钱、权力、美色，什么都想得到，什么都不肯释怀的话，那么生命该如何承受重负，人生又怎能获得快乐呢？因此，在人生的旅途，追求一种淡泊，坦然面对生活对你的赐予，包括所有的磨难和不公。用平和淡定的心态去看待社会现实中的一切。不惊荣辱，不计较得失，也许我们就会活得轻松，活得精彩，活得有滋有味。"万绿丛中一点红，动人春色不需多。"生活中，懂得了一个"淡"字，人生得无限风光就尽在其中了！

淡泊，也是人生的一种潇洒。面对红尘喧嚣，面对繁华诱惑，保持一种神定气闲，留一份淡泊给自己，生命自然就会月白风清，天高云淡。

诸葛亮早年不得志，故结庐于襄阳城西隆中的山中隐居，以待时机。诸葛亮在隆中潜心耕读，精研时势，结交名流，并自比春秋时期卓越的政治家管仲和杰出的军事家乐毅，被世人誉为"卧龙"。公元207年，思贤若渴的刘备三顾茅庐，请计于诸葛亮。诸葛亮精辟地分析了天下形势，提出了统一天下应走鼎足三分、联吴抗曹的道路，也称"隆中对策"。这是诸葛亮为刘备提出的一条正确的政治路线和军事路线，也是诸葛亮一生的行动纲领，从此，刘备的事业才出现了转机。

公元208年，曹操率30万大军南下荆州，诸葛亮以其大智大勇出使东吴，说服东吴联合抗击曹操，取得赤壁之战的胜利，为刘备取得了立足之地。诸葛亮在著名的《诫子书》中说，君子的品行，以安静努力提高自己的修养，以节俭努力培养自己的品德。不恬淡寡欲就不能显现出自己的志向，不宁静安稳就不能达到远大的目标。从此，"淡泊明志，宁静致远"成了君子修身养性的准则。

"非淡泊无以明志，非宁静无以致远。"孔明是何等的人物，竟说出了如此美妙动听的话语？想一想，在兵车辚辚、军旗猎猎的戎马倥偬中，在白骨蔽野、血流漂橹的征战杀伐中，尚存以宁静求致远的深思，真是难得。生活在现代的人们，有没有在氤氲着宁静的氛围中放飞自己的心灵？

唐代王维有诗云：人闲桂花落，夜静春山空。月出惊山鸟，时鸣春涧中。读后掩卷遐思，仿佛置身于月华初照的桂林中，耳边万籁俱寂，唯鸟鸣啾啾，桂花闲落，一派禅趣盎然。

宁静带给了人们多少奇幻的遐想？宁静，听起来是那么的富于诗意！它使人们的思想在宁静中升华，抛弃了尘滓，变得清澈剔透。它使人们的灵魂在宁静中获取了自由，恣意翱翔，全无拘束。现代的人都有这样的梦想，希望在没有汽车和水泥的地方，如小溪畔、青山侧、夜月下、纱窗前，或沏一杯香茗，或执一柄钓竿，或披蓑戴笠，或秉一支蜡烛，揽一卷诗书，跳出尘世，回首往昔，瞻望未来，与自己相对，与自然神遇，真正体验一番天人合一的境界。悲哀的是，这么简单的事情竟被冠以"梦想"的字眼。

可是，那又有什么办法？人们的空间已被汽笛声和钢筋混凝土充斥和占领，人们像是战争中的俘虏，被锁在森严的监狱中无处可逃。于是，"宁静"成了稀罕的名词。人们需要掌声和鲜花来满足自己的虚荣，需要激情和冲动来丰沛自己的感情，但是却忽略了，盛筵过后，人去席空，空虚落寞的感觉袭来，恐怕难以招架。掌声和激情能有多少储存在自己的心中？

一切不过是过眼烟云，又犹如昙花一现，匆匆间便把失落和绝望丢给自己。唯有宁静，能拯救我们。

宁静，拓展了生命的广度，加深了生命的内涵。只有在宁静的滋养下才可以找回自我，提升自我。宁静中，问一问自己，最近一段时日可曾过得充实？有没有空虚得仿佛失掉了自己？是不是对前途没有信心，被忧郁和痛苦笼罩？宁静可以凝聚思念的神思，把有限的生命延长到无限的宇宙意识上。

宁静给了我们一个从容广阔的精神世界，让我们的神思可以和先人交汇，获取心灵上的顿悟。宁静给了我们一双翅膀，载着我们的思想、灵感、感悟、情思一起飞翔，像一个广袤无垠的天空，像一个深不可测的海洋。

·002·
无论多么糟糕，保持从容

在这个浮躁的时代，如果你能从容处事，镇定而沉着地面对人生的风风雨雨，那么，自在逍遥的人生也许便不再只是你的梦，而是你正在经历的人生。

从容，是因内心镇静而沉着地面对人生。哲人说，从容，是一种聪明的糊涂。万事万物都有自己的存在状态，不必问其究竟。雨有雨的润泽，雪有雪的悠然，冰有冰的晶莹；春有春的生机，夏有夏的炽热，秋有秋的丰实，冬有冬的冷峻。

面对宇宙的浩瀚，星空的无限，纷杂的万物，芸芸众生，我们真的不必要事事弄清楚，凡事问个究竟。其实，苦累与哀怨都是自我寻找的烦恼，在能力范围内的努力是积极的，而超乎能力的只是一种臆想和渴望。因此，我们只有以平和的心态面对世界，才能摆脱纷纷扰扰所谓的"烦心事"，善待自己，善待人生。

从容是一种稳健的进取。我们难得糊涂，但不能因此借口而一味束缚自己的想象空间和创造潜力，应该以平常的心，用理性思维明辨是非，克服局限，完善自我，抛弃痛苦，乐观面对人生。

从容是个性发挥的最好表现。我们应该在保留个性的同时学会适应环境，以适应环境的状态保护个性。这是获得从容的基本条件，也是保证自我取得成功的重要的助推力。其实，现实生活中的人们，不妨把许多事情换一种思维方式来思考，这样可以给自己打开一扇窗或一扇门，这也许就是大家常说的另一种境界。

从容不是故作姿态的镇定，不是矫情刻意的悠然，不是为表现而表现。真正的从容是箫管里飘逸出的袅袅低吟，是处变不惊，临危不乱的自如应变，是青山绿水间信然踱步时流溢的生命柔情。

人们或许认为从容过于自在与无为，缺乏动感的能量。其实真正的从容无不蕴含长河激浪的力度与大漠落日的气概。从容是一种"度"的把握，是人性的收敛与张扬合理平衡。

从容看似处事中的简单情态，其实是人的深度和厚度自然流露。没有文化的积累，情操和熏陶，修养的升华，就没有一个自然的你，优雅的你，张弛有度的你，从容也就无法谈起。

从容并不意味着对速度的放弃和对激情的违悖。追求一种对急遽局势的从容处理，追求一种对焦灼心态的从容间离，获得的往往是更有效的速度与更合理的心态。从容反映出你对进与退，拥有与放弃的理解与把握。

　　与从容结缘的是理性。理性是从容的基石。一个从容的人，不会没有困难，但他不会困窘；一个从容的人，不会没有危急，但他不会急躁。学会用从容的步履走漫漫人生路，总有春风拂面，总会一身轻松。从容是一种成熟，从容更是人生舒缓而美丽的心境。

　　李未是一位成功的职场人士。当他的老同学还在为饭碗苦苦挣扎时，他已顺利地完成了由低级白领到高级白领到金领的过渡。而最让人羡慕的是，这一切似乎他并没有像有些人那样牺牲健康和情趣孜孜以求，而是在从容淡定间将其尽收囊中了。

　　有人欲探得其中奥妙，李未说，其实挺简单，换来这份从容的，也就是半小时。

　　李未说他刚参加工作时，和许多人一样，总觉得手头的事情做不完，业余爱好也丢了，人疲乏得要命，到头来还没落得个好效果。后来有一天，做了一辈子管理工作的父亲对他说："你能不能试一试，每天早出门半个小时？"他看了父亲一眼，对父亲的话并未十分理解，但他决定试一试了。

　　从第二天起，他开始比正常时间早半个小时出门。当他走到公共汽车站时，发现等车的人不多，上到车上，又发现有许多空位，比平时惬意多了。而且，由于还没到上班高峰期，路上的交通也没出现堵塞，很快就到了他的目的地。坐在车上时，他就把一天的工作理了个头绪。进到办公室后，同事们还没来，他在空旷的办公室里伸展了一下手脚，而后开始听一段音乐。

　　当同事们匆匆忙忙地打卡、手忙脚乱地开抽屉时，他的面前已放好了需整理的材料，并泡好了一杯热茶。接下来的工作是有条不紊的。往往不到中午的下班时间，他上午的工作计划就提前完成了。那么在剩下的时间里，他会憧憬一下午餐的丰富内容，并考虑午休时是和男同事们一起打打球呢，还是陪女同事去逛逛楼下商店——这些想法的确都让人愉快。

悠闲的午休结束后，下午的工作又开始了。由于早上在车上已有打算，头绪清楚，下午的工作又很顺手。下班铃声响之前，他把一天的工作小结了一下，看看有没有遗漏的或不周到的地方。如有赶快弥补，绝不拖到下班后，占用属于自己的享乐时间。这样，到下班时，当有些人还在手忙脚乱地忙乎，另一些人在疲惫不堪地打着哈欠时，他还是那样的神清气爽。没理由不高兴啊，工作完成了，家里还有妈妈做的丰盛晚餐等着，晚上还能看到电视上的好节目呢！

从容的确是一种超然的境界。它可以把一切苦与悲看成顺其自然的常态，因为"悲欢离合"，才有了"天长地久"；因为"落残雨寒"，才有了"人间温暖"；因为"酸甜苦辣"，才有了"丰富人生"。所以，从容是筛选善恶的漏斗。讥讽、指责、嫉妒、恭维、冷漠、虚伪；关心、微笑、帮助，我们都应以良好的心态全部面对，安静地感受，从容地接纳和筛选，这样我们才会在"列车"的旅途中，真正拥有一份独具宁静的心灵和真正享受恬淡舒适的人生。

·003·
无论多么紧迫，别急于求成

凡事都有一个过程，如果遇事冒进，急于求成，最终只能是陷进困境，走向失败。

欲速则不达，急于求成会导致最终的失败。每个人都应放远眼光，注重知识的积累，厚积薄发，自然会水到渠成，达成自己的目标。许多事业都必须有一个痛苦挣扎、奋斗的过程，而这也是将你锻炼得坚强，使你成长、使你前进的过程。

宋国有个人，见别人家的庄稼长得很好，总觉得自己家的庄稼长得太慢，很是着急。有一天他忽然想出了一个好办法，于是便将自己地里的禾苗一棵一棵全部拔高了一些。看着自己家的庄稼一下子比别人家的庄稼长高了，感到非常高兴。回到家里他得意地对家人说："今天可把我累坏了，我一个人让地里所有的庄稼都长高了一大截！"他的儿子听完他的详细介绍，立刻跑到地里去看，结果发现他们家的禾苗全都枯死了。这个拔苗助长的故事充分地说明了欲速则不达的道理。

急于求成，恨不能一日千里，往往事与愿违，大多数人知道这个道理，可是在实际中，却总是不以为然。历史上的很多名人是在犯过此类错误之后才懂得成功的真谛。宋朝的朱熹是个绝顶聪明之人，他十五六岁就开始研究禅学，然而到了中年之时才感觉到，速成不是创作良方，经过一番苦功方有所成。他以十六字真言对"欲速则不达"作了一番精彩的诠释："宁详毋略，宁近毋远，宁下毋高，宁拙毋巧。"

无须忙乱，无须慌张，永远在不紧不慢的步调下，追寻着生活的品质和细节。记得于光远老先生曾提到，他特别欣赏《道德经》中的一句话："多闻数穷，不若守于中。"意思是说，人的心灵要保持清净，而不要旁骛太多，没了章法和智慧。因为，人一忙就容易乱，头脑不清醒；人一忙也容易烦，心情不能平和；人一忙就容易肤浅，不能研究问题，不能冷静认真思考；人一忙就容易只顾眼前，不能高瞻远瞩。

如果快得有意义，就快；需要慢，则慢。应该寻求以音乐家们所说的恰当的节拍生活。放慢节奏意味着控制自己的生活。如果我们的节奏更合理，生活就可以更美好。

古语讲，欲速则不达。急功近利是成就大事业的绊脚石。急功近利者是戴着功利名位近视眼镜的目光短浅者。一叶障目，不见泰山，只闻到了芝麻的香，而忘却了西瓜的甜。只看到目前的境况，只看到暂时的贫富盈亏。头痛医头，脚痛医脚，是急功近利者一贯的行为方式。为了治好头而不顾脚，为了治好脚又可以不顾头了。为了摆脱眼前的状况，可以不顾未来的利益，为了求得一时的痛快，而以长远的痛苦为砝码。其实这往往是得不偿失的。

一个人如果患上了急功近利的毛病，就会心胸狭窄，胸无大志，总是盲从于世俗，脑袋长在人家的脖子上。别人说军人时髦，便想法穿上军装。别人说文凭重要，便马上去混文凭。别人下海捞钱去了，自己就如同热锅上的蚂蚁，马上削尖脑袋下海去。然而这世间的事情也真怪，越是急功近利者越不容易得到功利，没有一个不顾廉耻，出卖灵魂的人能够得到真正的快乐。

无论什么样的急功近利者，总是瞪着一对贪得无厌的眼睛，死死地盯着名利二字。然而名利之心就好似西方哲学家打过的一个比喻，如同吊在车把面前的一块肉对于拉着车的车夫一样。车夫总想抓住那块肉，却总是抓不到。无论把车拉得多么快，那块肉始终在你的车把前面，始终抓不到。成天绞尽脑汁，时刻伺机着投机取巧，而且忙忙碌碌、大汗淋淋、辛辛苦苦，到头来仍然一无所有。

大凡急功近利者，虽与好高骛远者殊途，却是同归。同归处有二：一同于一事无成，二同于无幸福可言，只有空忙一场。急功近利者不可能成就什么事业，因为你本来就没有什么长远追求，没有成就什么事业的志向，你的全部精力、全部时间和全部生命都无形地消耗在你的短期行为之中，消耗在你虚浮浅薄的劳作之中。

·004·
坦然地面对自己、面对烦恼

在这个世界上，凡事不可能一帆风顺、事事如意，总会有烦恼和忧愁。当不顺心的事时常萦绕着我们的时候，我们该如何面对呢？

"坦然自适，烦恼即去"。其实，坦然是一种进取，是智者的行为，愚者的借口。坦然，是顺其自然，不怨恨，不躁进，不过度，不强求；随不是随便，是把握机缘，不悲观，不刻板，不慌乱，不忘形；随是一种达观，是一种洒脱，是一份人生的成熟，一份人情的练达。

坦然面对，是一种胸怀，是一种成熟，是对自我内心的一种自信和把握。坦然面对的人，总能在风云变幻、艰难坎坷的生活中，收放自如、游刃有余；总能在逆境中，找寻到前行的方向，保持坦然愉快的心情。坦然，是对现实正确、清醒的认识，是对人生彻悟之后的精神自由，是"聚散离合本是缘"的达观，"得即高歌失即休"的超然，更是"一蓑烟雨任平生"的从容。拥有一份无忧无惧之心，你就会发现，天空中无论是阴云密布，还是阳光灿烂；生活的道路上无论是坎坷还是畅达，心中总是会拥有一份平静和恬淡。

有这样一个故事：有一个步行的人，因为路不平而摔了一跤，他爬了起来，可是没走几步，一不小心又摔了一跤，于是他便趴在地上不再起来了。有人问他："你怎么不爬起来继续走呢？"那人说："既然爬起来还会跌倒，我干嘛还要起来，不如就这样趴着，就不会再摔了。"这样的人就是在回避，所以不敢再起来继续往前走，因而他也就永远无法到达他的目的地。

世间万物，各有本色。本色是生命的一种底色，做人的一种底气，从政的一种底线。人的本色体现风格、彰显品格、展现人格。巴顿将军说："不能以本色示人的人成不了大器。"不褪色、不染色、不变色，珍视和保持本色，"花开花落心不落，时浮时沉志不沉"，才能有所作为、有所建树。

率真是本色的底色。率真的天性，是人生最自然、最宝贵的东西。人活得虚伪容易，活得真实难，但活得虚伪累，活得真实轻松。有的人，用假面具掩饰自己的真面目，看上去道貌岸然，内心却无比阴暗。当面客客气气，背地里费心算计，表面上宽厚仁慈，实际上狡诈狠毒。一些笑容越来越虚伪，一些赞扬越来越廉价，一些恭维越来越离谱。保持率真的底色，要以真为本。

"文章做到极处，无有他奇，只是恰好；人品做到极处，无有他异，只是本然。"文章写到登峰造极的境界时，并没有什么特别奇妙的，只是把内心的思想感情表达得恰到好处而已。人品修炼到炉火纯青的境界时，并没有什么特别不同的，只是使自己的精神气质回归到纯真之性而已。

偷奸耍滑，推过揽功，贬低别人、抬高自己，不琢磨事只琢磨人，不琢磨自己只琢磨别人，用"聚焦镜"看自己的优点，用"放大镜"看别人的缺点。做出成绩而不显摆，取得实绩而不炫耀，确有本事而不狂傲，做出贡献而不张扬，在任何情况下保持一颗平静的心灵、一种淡定的姿态。诗人鲁藜说，还是把自己当作泥土吧，老是把自己当珍珠，就会有被埋没的痛苦。能够看轻自己，能够低调做人，就会以清醒的心智和从容的步履坦然走过岁月。

· 005 ·
学会等待

在一些人的心灵深处，总有那么一种力量使他们茫然不安，让他们无法宁静，这种力量就是浮躁。浮躁不仅是人生最大的敌人，而且还是各种心理疾病的根源。

当今社会，经济正在高速发展，物质水平不断提高，不少人似乎少了耐心，多了急躁；少了冷静，多了盲目；少了脚踏实地，多了急于求成……在市场经济的大背景下，很少人能按捺住自己驿动的心，守住自己可贵的孤独与寂寞，而是变得越发浮躁和一定程度的急功近利。

浮躁的人常有如下表现：不论干什么工作，兴头来了马上动手，既没认真准备，又无周密计划，而且一开始就急于见成效，遇到困难时更是烦躁不安；在等候消息时，心情格外急切，坐立不安；处理矛盾和问题时，易鲁莽和冲动；盲目行动，往往事与愿违。在学习上则表现为好高骛远，急于求成，有时很想把成绩搞好，但又缺乏扎实的努力，一段时间后成绩没上去，急得不知从何干起；特别是经过努力以后成效不大，就耐不住性子，结果成绩还是上不去，形成越上不去越急、越急越上不去的恶性循环。

浮躁与对问题的认识有关，当认识到问题很紧迫、很重要时，往往会产生浮躁心理。浮躁会使人心神不安，甚至会出现情绪上的紊乱状态。浮躁的人容易灰心。一个人在急于求成的情绪支配下，往往操之过急，不等深思熟虑，也不等准备工作做完后便马上开始工作，这样当然很难取得圆满的结果。当事情遭到挫折时，往往不能冷静地分析原因，而是带着更加浮躁的情绪，不冷静地进行下一步的活动，结果仍然没有满意的结果，时间长了，就会使人丧失对自己的信心。浮躁的人易怒。生活中，爱发脾气的人往往都是性子很急的人。愤怒容易使人失去控制，在盛怒下失去理智，做出伤害自己或他人的行为，在很大程度上都是由于浮躁情绪的推波助澜所致。

"浮躁"指做事无恒心，见异思迁，不安分守己，脾气急躁，总想投机取巧。浮躁是一种情绪，一种并不可取的生活态度。浮躁者对现有目标的专注度不够、耐心度不足，对现有的目标拥有不切实际的想法和希望。

古时候有这样俩兄弟，他们俩都很有孝心，他们每日上山砍柴换钱为老母亲治病。

一位神仙为他们的孝心所感动，决定帮助他们。于是告诉他们两个人说，用四月的小麦、八月的高粱、九月的稻、十月的豆、腊月的雪放在千年泥做成的大缸内密封七七四十九天，待鸡叫三遍后取出，汁水可卖上大价钱。

兄弟两人各按神仙教的办法做了一缸。待到四十九天鸡叫两遍时，老大耐不住性子打开缸，一看里面是又臭又酸的水，便生气地把它们洒在地上。老二则坚持到了鸡叫三遍后才揭开缸盖，发现里边是又香又醇的酒。

这就是"酒"和"洒"字的来历。只是差了那么一小横，只是早了那么一小会儿，但却造成了巨大的差距。在有些时候，我们需要在心中添把火，以燃起某些希望；而在有些时候，我们需要在心中洒点水，习惯等待，以浇灭某些急于求成的欲望……只要我们能够真正地静下心来，认真地去学习、工作，我们做的会比现在好得多。

在生活中，人们热情饱满，甚至凡事跃跃欲试，这自然不是什么坏事，生活本来就需要这样一种劲头。如果每天生活得懒散颓废，对人对事毫无热情，那么生活往往会成为一潭死水，毫无生命气息可言。但是热情也要讲究方式，热情用在积极的心态上，是一种动力，而人们所表现出的浮躁，则是一种对热情的错误运用。

浮躁的人虽然并不缺乏生活热情，但是却缺少合理分配和利用热情的能力。这类人在处事上常常缺乏理智、容易半途而废、浅尝辄止，宜将热情消极化。如梁实秋所说，为迫切完成某事而心浮气躁，就容易导致言行过分，这不仅有碍于人际关系，容易语出伤人，更容易分散心智，影响做事的效率或是错过眼前的良机。

其实，成功与失败，平凡与伟大，往往就在等待的一念之间。许多成功人士的重要秘诀也就在于他们将全部的精力、心力放在一个目标之上，而且善于等待。而另外还有一些人，他们虽然很聪明，但心存浮躁，做事不专一，缺乏意志和恒心，到头来只能是一事无成。改变浮躁性格可以从以下几个方面来做：

在实践中锻炼耐心。耐心都是锻炼出来的，缺乏耐心也就等于自动丢掉了成功的机会。在生活中多多锻炼自己的耐心，做每一件事时都要学会安下心来，不要总是想着结果如何，要把精力放在如何做好这件事上。

多看有积极意义的电影或书籍。这既能让你放松心情，调节生活节奏，同时也能为你带来更强大的生命动力，让你拥有更多的生活热情。

遇到急事先冷静。焦急的情绪并不能帮你解决任何问题，只有缜密思考才行，思考一下如何做才能最大限度地降低损失，怎么样处理才能较合理地解燃眉之急，然后马上去行动。

学会循序渐进地做事。凡事不可贪大，成功要一步一步来，做事前首先要安下心来，为自己树立起框架，然后从最微小的部分做起，循序渐进，逐渐完成。

浮躁这种情绪对我们生活的影响越来越大。人浮躁了，就会终日处在又忙又烦的应急状态中，脾气会变得暴躁，神经会越绷越紧，长久下来，会被生活的急流所裹挟。这种情绪在人的内心里积存下来，久而久之，逐渐形成了某些人固有的性格，使他们在任何时候任何环境中，都不能平静下来。因而不自觉地，在盲目和冲动的情况下，做出错误的决定，给自己造成更大的精神压力，让自己越来越急躁，终究形成恶性循环，一发不可收拾。因此，想成就大事者，要心存高远，更要脚踏实地。

·006·
忙里偷闲与闹中取静

　　如果你能在匆忙的生活中偷得一时空闲，在喧闹中独享一时清静，你会发现忙里偷闲和闹中取静相较于其他生活乐趣来说更加难能可贵。

　　即使在很忙的时候，我们也要设法抽出一点空闲时间，让身心舒展一下，必须在无事时把要做的事先做一调整，养成这种习惯，就有了调剂身心的工夫。要想在喧嚣的环境中保持冷静的头脑，就必须在心情平静时事先有个主见。不然一旦遇到事情就会手忙脚乱，不知所措，随事盲目而行，结果把事情弄得很糟。

　　在忙碌的日子里，人应该要忙里偷点闲、苦中求点乐的。话虽这么说，真要做个忙人不难，做个闲人也不难，难的是把忙与闲统一于一身。其实，一个人可以不做闲人，却不可以没有闲情；一个人忙点苦点不可怕，怕的是不会忙里偷闲，苦中求乐。

　　许多人至今仍信奉玩物丧志的教条。其实，因了闲情而丧志的确有人在，但不涉闲情却也毫无志向的也是大有人在。在我们周围，有着广泛闲情的人不少也是人生和事业的强者。他们往往对周围的一切都充满兴趣，这也应该算是生活的热情。

最可贵是身处逆境，仍能保持一种豁达的闲情。从某种意义上说，生活这根弦不应该绷得过紧的，绷得太紧，人就会感受不到生活的乐趣，失去生活的追求，进而失去对人生的真情。枯燥的生活如同荒漠，它只能造就枯萎而干瘪的心灵，心若死，生还有意义吗？

当然，闲情并不是向往六朝人那样悠然若仙放浪形骸，也不能对闲情挥霍无度，学会忙里偷闲，才会使我们的生活、我们的精神状态和心理状态保持相对的平衡，才能感受生活的快乐。

匆忙的生活不可避免地会变得肤浅。当我们急急忙忙的时候，就只停留在事物的表面，无法找到同世界和他人的真正的联系。社区、家庭和朋友等，凡是能将我们连接起来、能赋予生活更高价值的一切都需要时间才能茁壮成长，而我们却从来不曾拥有足够的时间。英国一家著名机构最近公布的一项目调查显示，半数英国成年人认为，紧张忙碌的日程安排使他们失去了同朋友之间的联系。

数年前，美国 IMG 公司聘用了一位精力充沛的女业务员，她专门负责在高尔夫球场及网球场上的新人当中发掘明日之星。美国西岸有位网球手特别受她赏识，她决定招揽对方加盟美国 IMG 公司。从此，纵使每天在纽约的办公室忙上 12 小时，她依然不忘时时打电话到加州，关心这个选手受训的情形。他到欧洲比赛时，她也会趁着出差之际抽空去探望探望，为他打理琐事。有好几次，她居然连续一周都未合眼，忙着飞来飞去，追踪这个选手的进步状况，虽然身边还有一大堆积压已久的报告。可悲的事终于在法国公开赛上发生了。照原订日程，这位女业务代表不必出席这项比赛，但是她说服主管，为了维持与那位年轻选手的关系，她要求到场。主管勉强应允，但要求她得在出发前把一些紧急公务处理完毕，结果她又几个晚上没合眼。

最后，她终于登上了飞往巴黎的飞机，但时差及重大赛事产生的压力感随之而来，这位非常积极能干的女士到最后已是大脑空空。抵达巴黎当天，在一个为选手、新闻界与特别来宾举行的宴会上，她依旧盯着那位美国选手，并且时时为他引见一些要人。当时是瑞典名将柏格独领风骚的年代，他刚好又是 IMG 公司的客户，也是那位年轻选手的偶像，自然她就介绍了他俩认识，然而，令人难堪的事却发生了。柏格正在房间与一些欧洲体育记者闲聊，她与年轻选手迎上前去。对方望向这边时，她说："柏格，容我介绍这位……"天哪！她居然忘了自己最中意的这位球员的姓名！她实在是精疲力竭，过度疲劳使她大脑刹那间一片空白。好在柏格有风度，尽力设法打圆场，化解了这一尴尬场面，可是这位年轻选手却面红耳赤、张口结舌，心中更是难过得不得了，从此他再也不相信 IMG 的业务代表是真心对他了。

可悲的是，她一片苦心，却由于疲劳过度这单纯的因素而造成无可挽回的失误。她发掘的这位选手后来果真打入世界排名前十名，却从此再也不是 IMG 公司的客户了。

人生之乐莫大于闲。清朝张潮说："人生之乐莫于闲，闲非无所事事也。闲者能读书，闲者能游名胜。"可当今世界，又有多少人能有此等闲情逸致呢？多少人为权力而钩心斗角，为利益而鱼死网破？更没有时间与亲人促膝而谈，没有时间与相爱的人深情相拥。他们只知努力地向上攀登，认为"无限风光在险峰"，因此错过了许多幸福和快乐。假使他们能停下匆匆的脚步休息一下，该是多么惬意啊！

第三章 对物欲的沉迷：
清空它，心灵将通往自由

孟子曰："养心莫善于寡欲。其为人也寡欲，虽有不存焉者，寡矣；其为人也多欲，虽有存焉者，寡矣。"意思是说，养心的方法没有比尽量减少物质欲望更好的了。他为人也少贪欲，尽管有失去本性的，但为数很少，他为人有时也有贪欲，即使没有失去本心，但为数却很少。

·001·
欲望无法填平，需要克制

欲望是一道永远都填不平的沟壑，应对不断膨胀的欲望唯一的方法是克制你的欲望，把你的欲望控制在合理的范围内。

"人欲"是一切人类活动的起始，把握这个主宰一切的本源，将会获得无穷无尽的能量。人是欲望的产物，生命是欲望的延续。然而欲望的有效性与必要性是有限度的，满足不是绝对的，总有新的欲望会无休止地产生出来。由于欲望这种不知厌足的特性，欲望的过度释放会造成破坏的力量。

叔本华说，欲望过于剧烈和强烈，就不再仅仅是对自己存在的肯定，相反会进而否定或取消别人的生存。用"上帝的命定"或"天理"来取消或压制别人的欲望是不合理的，但过度推崇与放纵欲望也是愚蠢的。欲望不是纯粹的、绝对的东西，它需要理智的调控与节制，它也绝不可能像有人声称的是文明发展的唯一动力。

据说，有一个乞丐，总是遭到市民们的鄙视和欺负。乞丐感到很委屈，他问："天底下有的是乞丐，甚至连城里最有智慧的人也是。可是，你们为什么那么尊敬智者，却这样瞧不起我呢？"

市民们冷笑道："你凭什么说智者是一个乞丐呢？如果你能够证明给大家看，我们也可以像尊敬智者一样尊敬你。"

他决定要设法找到智者，做一个证明。然而，智者是那样高高在上，而他却是一个身份卑贱的乞丐，地位相差如此悬殊，怎么能够接近智者呢？每当他试图接近智者时，智者的随从们就会把他痛打一顿，然后把他赶走。

功夫不负苦心人啊，他终于找到了一个机会。他发现智者每天傍晚都会来到僻静小道上散步，于是，他就躲在那里等待智者。他看见智者远远地离开了他的随从们，沿着小道独自走来，似乎在苦苦思索着什么。他等待着时机，突然出现在智者面前。

智者被吓了一大跳。"你要干什么？"他惊恐万状地问道。

"我不想干什么。"乞丐说，"我只想讨一点钱。"

原来只是想讨一点钱啊。智者舒了一口气，然后问："你需要多少？"

乞丐说："我只有一只破碗，你要能够装满它就行。"

智者笑了起来，说："好吧，我答应你。"他唤来了仆人，命令他们去拿一些钱来。奇怪的事情发生了，当这些钱倒入乞丐的破碗时，仅仅只停留了几秒钟，就消失得无影无踪。

怎么会发生这样的事情呢？智者感到非常诧异。他吩咐仆人们拿来更多的钱，但那些钱每一次都只能在乞丐的破碗中停留几秒钟，然后消失得无影无踪。最后，所有的钱都搬来了，所有的钱都在乞丐的破碗中消失得无影无踪。智者被惊骇得出了一身冷汗，扑通一声跪倒在乞丐面前，请求乞丐放过他。

现在，轮到乞丐冷笑了，他解释说："这只破碗是一个填不满的穷坑，它的名字叫作欲望。因为这个欲望，你我其实都是乞丐。"

高高在上的智者，居然被一个乞丐引为同类。原来，乞丐也有三六九等之分，下等的乞丐要饭，中等的乞丐要钱，上等的乞丐要权。虽然占有的财富和社会地位不一样，但欲望的状态却是如此惊人地相似。

欲望是不可能被满足的。每当你赚到一笔钱，你都只有很短暂时间的满足。当那段时间过去，你就会再次陷入无尽的空虚。然后，你就只能继续追求下一次的满足。欲望就是这样一个魔鬼，它让你用各种不同的乞讨方式去占有。任何乞讨方式，无论是赌博、欺骗、哀求以及任何形式的巧取豪夺，都是同样的性质。

有个老魔鬼看到人们的生活过得太幸福了，他说："我们要去扰乱一下，要不然魔鬼就不存在了。"

他先派了一个小魔鬼去扰乱一个农夫。因为他看到那农夫每天辛勤地工作，可是所得却少得可怜，但他还是那么的快乐，非常知足。

小魔鬼就想："要怎样才能把农夫变坏呢？"他就把农夫的田地变得很硬，让农夫而难而退。那农夫对着田地敲打半天，做得好辛苦，但他只是休息了一下，还是继续敲，没有一点抱怨。小魔鬼看到计策失败，只好摸摸鼻子回去了。

老魔鬼又派第二个去。第二个小魔鬼想，既然让他更加辛苦也没用，那就拿走他所拥有的所有东西吧！那小魔鬼就把他午餐的馒头和水偷走。他想，农夫做得那么辛苦，又饿又累，却连馒头和水都不见了，这一下子他一定会暴跳如雷！

农夫又渴又饿地到树下休息，想不到馒头和水都不见了！

"不晓得是哪个可怜的人比我更需要那块馒头和水？如果这些东西能让他温饱的话那就好了。"小魔鬼只好又弃甲而逃了。

老魔鬼感到奇怪，难道没有任何办法能使这农夫变坏？这时第三个小魔鬼对老魔鬼说："我有办法一定能把他变坏。"

小魔鬼先去跟农夫做朋友，农夫很高兴地和他做了朋友。因为魔鬼有预知的能力，他就告知农夫，明年会有干旱，教农夫把稻种在湿地上，农夫便照做。结果第二年别人没有收成，只有农夫的收成满坑满谷，他就因此而富裕起来了。

小魔鬼又每年都对农夫说当年适合种什么，三年下来，这农夫就变得非常富有了。他又教农夫把米拿去酿酒贩卖，赚取更多的钱。慢慢地，农夫开始不工作了，靠着贩卖的方式，就能获得大量金钱。

有一天，老魔鬼来了，小魔鬼就告诉老魔鬼说："你看！我现在要展现我的成果。这农夫现在已经有猪的血液了。"只见农夫办了个晚宴，所有富有的人都来参加。喝最好的酒，吃最精美的餐点，还有好多的仆人侍候。他们非常放纵地吃喝，衣裳零乱，醉得不省人事，开始变得像猪一样痴呆愚蠢。

"你还会看到他身上有着狼的血液。"小魔鬼又说，这时，一个仆人端着葡萄酒出来，不小心跌了一跤。农夫就开始骂他："你做事这么不小心！""哎！主人，我们到现在都没有吃饭，饿得浑身无力。""事情没有做完，你们怎么可以吃饭！"农夫恶狠狠地说。

老魔鬼见了，高兴地对小魔鬼说："你太了不起了！你是怎么做到的？"

小魔鬼说："我只不过是让他拥有比他需要的更多而已，这样就可以引发他人性中的贪婪。"

究竟是什么让一个人变坏，产生恶念？说到根本就是贪婪和无止境的欲望。贪婪和无止境的欲望是让人变坏，产生恶念的根本原因。我们在努力追求梦想时，不要让人性的弱点靠近自己，不要忘了自己最初的本心。

·002·
与世俗的纷争保持一点距离

很多人因为私欲，放弃了自己心中真正的梦想，甚至放弃了自己做人的原则，最终他们得到了自己想要的名利，却迷失了自我，他们虽然拥有了名利，却过得根本就不快乐不自由。

在人生的路上，我们不可能摆脱世俗的纷争和烦扰，但我们可以尽量远离。在这个世间，有太多的人，一头扎进名利的路上而不能自拔，卷入世俗的纷争和烦扰，并且以此为乐。某些人在名利的路上，在世俗的纷争中，不惜抛去亲情，抛去爱情，抛去人性中本应坚守的诸如良善、友爱、公平、正义等美好的情怀，有的甚至拼掉健康和生命却始终无法回头，这其中，有些人成功了，有些人失败了，有些人因得到一点蝇头小利而得意扬扬，耻笑他人，有些人因失去一点蝇头小利而哭天抢地，失去自我。

古代有一个国王，刚刚登基，外族都不臣服，经常犯边滋扰。于是国王就召开会议，决定用武力使四夷臣服，进而安定边疆。

国王做好了决定就颁布诏书，民间要是有肯为国出力者，皆有重赏。不出十天有三个年轻人应召而来。高个子的叫若木，善骑术；矮个子的叫宾蒂，善射术；中等个的叫天定，善于谋略。国王择日让他们三个带领大军开赴边疆了。

日子不多，边疆的喜讯不断传来，三个年轻人屡建奇功。一个月以后，边疆得到了安宁，四夷全都臣服。得胜之师回到都城，国王要给将士论功行赏。

国王对三个年轻人说："有什么要求尽管说！"

若木说："我要做大将军，为陛下镇守边关！"

宾蒂说："我要做尚书，替陛下分担国事！"

天定却说："我一不当官，二不领兵，三不要钱，我只希望陛下能赐我一群牛羊和一块牧场！"

国王很惊诧，不过——满足了三个年轻人的要求。

过了若干年，天定正在牧场上吹着笛子、欢快地牧羊的时候，消息传来，若木和宾蒂因为权势熏天，遭到了皇帝的猜忌，全都入狱了。

很多时候，人的欲望过强就变成了贪欲。我们的情绪很容易被这种贪欲所左右。在不知足的状态下，钱多了还想再要，官做到还想更大，房子宽了还想更宽，出了名还想更有名……于是，对自我生存状态的否定及盲目攀比的虚荣阻断了快乐的根源。

在人生的路上要努力致力于远大。志向要高远，目光要长远，不拘泥于世俗纷扰，不拘泥于雕虫小技，不拘泥于蝇头小利。致远，同样离不开坚守正道，离不开友爱他人，奉献社会，如果我们的致远是用来致力于让自己私利和私欲走得更远、得到更多，那我们很可能会走不了多远就跌入自己设置的人生陷阱中。如果我们做到了有意义的宁静，正确的致远，那此刻宁静与致远也就浑然天成了。

在人生的道路上，努力超脱名利，努力超脱世俗，努力做一个明白的人，做一个志存高远的人，做一个有高尚情操的人，做一个不仅仅有利于自己，还要有利于他人和社会的人，而这一切的前提就是坚守正道，坚走正途。淡泊名利就是对生活不挑剔、不苛求、不怨恨，在名利的沉浮与得失中，保持自己朴素的生存方式和平宁的生活习惯。

淡泊名利的操守，只有历经磨炼，才能到达心境平和、宁静虚空。《菜根谭·应酬篇》说："淡泊之守，须从浓艳场中试来；镇定之操，还向纷纭境上勘过。不然操持未定，应用未圆，恐一临机登坛而上品禅师又成一下品俗士矣。"来到手中的欣欣然接受；从手中溜走的，怡怡然放手。淡泊名利，是一个人完满的内心修养，是一个人高远的精神境界。

·003·
过简单的生活，没那么多烦恼

每个人都有利欲心，在利欲面前，如果我们能够顺其自然，而不是刻意的追求，回归一种简朴的生活，我们将会发现生活中的烦恼并没有我们想象的那么多。

人在人生旅途中，功名利禄只是一种身外之物，只要我们努力地前行，真实地面对我们所拥有或将要拥有的一切，你会发现，能满足一个人的可以很多也可以很少。人生天地之间，转瞬来去，就像是偶然登台、仓促下台的过客一样。人生既然如此短暂，活在世上就要珍惜人生，不要贪图权势，自酿苦酒。荣誉与权势，都是身外之物，也是水流花谢之物，万万不可一味去追求它们。如果为了争名夺利不择手段，那就无异于害人害己了。

这样的人生有何乐趣？何况，争名夺利不但不会使你流芳千古，甚至会让你身败名裂呢！

每个人都与名利结下不解之缘，有的人一味地追名逐利，有的人则善待名利。有些人因为贪婪，想得到更多的东西，却把现在所有的也失掉了。的确，许多人在名利场上失掉了理智的指南针，陷入了名利的旋涡，结果越陷越深，难以自拔。这样的例子在历史上不胜枚举。但是，名利虽然做了一些恶事，而很多好事也是由名利而生的。

欧阳修和苏东坡是历代被众人推崇的名士，但他们在仕途不顺之时写下的名篇，不也是在为自己的怀才不遇而愤懑，为名利上的郁郁不得志而寄情山水吗？今天，当运动员在刷新一项项世界纪录、科学家在攻克一道道世界难题时，他们难道没有丝毫受到金牌、荣誉和金钱的诱惑吗？不可否认，荣誉与金钱当然有激励作用。正因为在名利的驱动下，人类才会不断追求，在追求名利的过程中不断探索与创新。我们生活在名利之中，名利是我们生活的一部分。如果没有名利，就像看不到绿洲的沙漠，使旅人失去了心中的希望。没有名利，就像没有黑夜的白昼，在纯粹的光明中，就像在纯粹的黑暗中一样，什么也看不见。没有名利，就像味觉失却了苦的感觉，虽然品尝得到甜的滋味，但失去了品尝的欣喜。没有名利的人生是不完整的人生，不图名利的生活是不可想象的。老子所倡导的那种"小国寡民"、没有名利、远离名利的构想是不现实的。世上没有不为名利的超人，只有善待名利的智者。

名利绝不是万恶之源，关键在于你如何面对。如果你把名利看成一切，那么你将迷失自我，名利会成为切断你幸福的利刃；如果你善待名利，将名利作为奋勇进取的动力，那么名利将成为你的风帆，伴你跨过征程，送你走向成功。每一杯过量的酒都是魔鬼酿成的毒汁，多一点的贪婪都是幸福的刽子手。善待名利，你将获得彩虹般绮丽的人生。

简朴完全不同于吝啬，正是由于简朴和节俭，才能使一个人慷慨大方地面对社会，面对他人。其实，简朴就是美，生活也是这样，面对喧嚣的、物欲横流的社会，人们有时也会向往世外桃源般的生活，但是，能够不断得到的人虽然不多，而舍得放弃的人更少，那种淡泊恬然的生活，能够说到又做得到的人毕竟不多。

为什么有些人身心疲惫？因为他们一心追求繁华富贵的生活，不愿与简朴结识，导致身边没有真正的朋友，无依无靠，把自己锁在只有金钱、虚伪、名利的狭小世界中。这并不是一种完美的生活，但我们可以去选择、去寻找属于自己的简朴生活。

大文豪托尔斯泰所写的《追求幸福的伊利亚斯》中，就讲述了简朴精神的源泉：

伊利亚斯夫妇出身贫寒，他们立志要追求幸福，因此胼手胝足，努力营生，后来拥有了大量的财富。然而好景不长，由于种种原因家道衰落。富甲天下的伊利亚斯夫妇很快就没落了。到了老年，他们一贫如洗只得去帮佣。好在他们能乐天知命，在雇主家里，反而过着安全幸福的生活。他们曾说过："当我们富有时，有许多事让我们操心，所以没有时间交谈，没有时间想到灵魂，向上苍祷告。我们忙碌又忙心，也常因浮躁而吵架。现在，我们清晨起来，会彼此说几句恩爱的话，生活平静不争吵。我们只需要服侍主人，尽心为主人工作。我们工作回来，有晚餐可吃，有乳酒可喝，天冷有燃料可烧。我们有时间闲谈，有时间思考灵魂，也有时间祷告。50年来我们追求幸福，直到现在才找到。"

其实，美好的生活只在平淡中突显出，而这物质横流精神匮乏的年代，谁愿意舍弃拥有更多财富的心态，谁愿意敢于平淡？我们要重视生活中单纯简朴的态度，因为这是一种生活态度，一种处世心态，我们应满怀质朴的心对待生活，认真活在当下。

人想要的东西越多，自己就越觉得匮乏；越是为自己着想，越觉得孤单寂寞；思索太多未来的事，就忽略了现在的喜好。同时，当自己拥有更多的时间和空间去让心静下来时，那平静的心，如同清水一样，可以让我清楚地看清自己，也看清生活，从而更接近自己，聆听自己的心声，去思考人生的一些根本问题。在这纷扰的尘世中发现自己和生活，找到自己的方向。

简朴生活，让自己更能贴近生活，可以让自己用另外的眼光去打量生活和发现生活中其他的乐趣，少了物质的隔阂，人与人之间，心与心之间，人与自然之间的沟通交流就更多了，更能感受自然生活的快乐，心不再向外追逐，而是回归自然，回归自己。

·004·
保持率性——一种难得的魅力

一个人率性而为，不仅可以使自己过得轻松愉悦，也可以感染周围的人，提升自己的人格魅力。

"率性之谓道"是《中庸》开篇的第二句，它是顺着"天命之谓性"而来的。所谓"率性"是指天所命于人之性，使人对于日常事物皆能合乎当然的规范。在《中庸》的作者看来，人只要能遵循天所赋予人的人性，也就能够合乎自然之理，这是人在现实的社会生活中应该选择的道路。

伊笛丝·阿雷德太太从小就特别敏感而腼腆，她的身体一直太胖，而她的一张脸使她看起来比实际还胖得多。伊笛丝有一个很古板的母亲，她认为追求衣服的漂亮是一件很愚蠢的事情。她总是对伊笛丝说："宽衣好穿，窄衣易破。"而母亲总依这句话来帮伊笛丝穿衣服。伊笛丝从来不和其他的孩子一起做室外活动，甚至不上体育课。她非常害羞，觉得自己和其他的人都"不一样"，完全不讨人喜欢。

长大之后，伊笛丝结婚了，那个比她大好几岁的男人很疼她，可是她并没有改变。她丈夫一家人都很好，他们都充满了自信。伊笛丝尽最大的努力要像他们一样，可是她做不到。他们为了使伊笛丝开朗而做的每一件事情，都只能令她更退缩到她的壳里去。伊笛丝变得紧张不安，躲开了所有的朋友，情形坏到她甚至怕听到门铃响。伊笛丝知道自己是一个失败者，又怕她的丈夫会发现这一点，所以每次他们出现在公共场合的时候，她假装很开心，结果常常做得太过分。事后，伊笛丝会为这个难过好几天。最后，不开心到使她觉得再活下去也没有什么道理了，伊笛丝开始想自杀。

后来，是什么改变这个不快乐的女人的生活呢？只是一句随口说出的话。随口说的一句话，改变了伊笛丝的整个生活，使她完全变成了另外一个人。

有一天，她的婆婆正在谈她是怎么教养她的几个孩子的，她说："不管事情怎么样，我总会要求他们保持率性。"

"保持率性！"就是这句话！在那一刹那之间，伊笛丝才发现自己之所以那么苦恼，就是因为她一直在试着让自己适合于一个并不适合自己的模式。

伊笛丝后来回忆道："在一夜之间我完全改变了。我开始保持率性。我试着研究我自己的个性、自己的优点，尽我所能去学色彩和服饰知识，尽量以适合我的方式去穿衣服。主动地去交朋友，我参加了一个社团组织——起先是一个很小的社团——他们让我参加活动，把我吓坏了。可是我每一次发言，就增加了一点勇气。今天我所有的快乐，是我从来没有想到可能得到的。在教养我自己的孩子时，我也总是把我从痛苦的经验中所学到的结果教给他们：不管事情怎么样，总要保持率性。"

率性而为，不是肆意妄为，不是懒惰无为，而是向着自己的理想，努力拼搏，无视那些挫折、困苦、失败，以自己最大的努力向理想前进。率性而为，不是安于天命，不思进取，而是刻苦用功，不畏困难，无视那些不理解的目光，以自己最大的能力奋发向上。率性而为，不是放任自己的过失，而是用心去面对过去，面对失败，无视那些失败带来的自卑感，以自己最强的自信心迎接未来的挑战。率性而为，不是一味地向往美好未来，而是做好迎接未来的各项准备。率性而为，不是自暴自弃，享乐现在，而是充分利用时间，去学习，去提高，去休息，去娱乐，去享受无论是数字、文字、还是音乐、画作，抑或是图像、友情带给我们的各种快乐。

·005·
放弃不是无奈，而是智慧

错过了花开，你将收获果实；错过了太阳，你会看到璀璨的星光。追求与放弃都是正常的生活态度，有所追求就应有所放弃。有价值的人生，需要开拓进取、成就事业，但更要懂得正确和必要的放弃——这不是无奈，而是一种智慧。

在坊间小巷，我们时常听到这种说法："舍得舍得，不舍不得，有舍才有得，要得就要舍。"在现实社会，我们经常看到：当权衡一件事情利弊时，许多人会考虑怎样舍得；当经营某项实际产业时，不少人更会考虑是否舍得；当遭遇天灾不可抗力时，大多数人都不能不舍得。辨其现象，析其真谛：舍得是亏也是盈，舍得是出也是入，舍得是因也是果。

由此观之，"舍得"一词的广泛应用，表明了人们的一种处世态度，反映了主客观的多重辩证关系，在插入了"不"（否定）或"有"（肯定）之后，更见其智慧深邃，意蕴深长。

不舍不得，意为没有付出就不应该有收获。这既符合中国古代以来就存在的公平观念，又符合现代社会市场经济的公平规则。天上不会掉馅饼，地上不会生金蛋，不劳而获必然大失公平。"无本万利"之徒怎么聪明，他都是没有付出的，违反不舍不得的规则。当然，在任何社会不舍也得、不舍多得的事情都会发生和延续，只不过需要人们采取各种办法使这样的事情尽量少一些罢了。

有舍有得，意为做了付出就应该有收获。该放弃的时候放弃，是一个人精神内涵的自然流露，也是一种人生智慧，面对纷繁复杂的人生，应做到知其可为而为之，知其不可为而弃之。把有限的时间和精力投入到构建和谐社会的伟大事业之中去，让生命焕发多姿多彩的绚丽。

从前，有一群猴子喜欢偷吃农民的大米，而它们又是很难捕捉的动物。多年来，人们想尽办法，用装有镇静剂的枪去射击或用陷阱去捕捉它们，但都无济于事。

后来人们就去请教生物学家。生物学家根据这种猴子的习性做了一个实验，找到了一种捕捉猴子的十分有效的方法：实验者把一只窄口的透明玻璃瓶固定在一棵树下，再放入大米。到了晚上，猴子来到树下，就把爪子伸进瓶子去抓大米。这瓶子的妙处在于猴子的爪子刚刚能够伸进去，等它抓一把大米后，由于握着拳头并紧抓着大米，爪子怎么也抽不出来，而那个装大米的玻璃瓶又被牢牢地固定在树下，因此猴子无法拖着瓶子走。贪婪的猴子太固执了，或者说是太笨了，它始终不愿意放下已到手的大米！就这样，第二天，当生物学家把它抓住的时候，它依然不愿放手。

舍得放弃是一种境界。一个人如果没有远大的理想和奋斗目标，就容易浑浑噩噩，目光短浅，容易把自己局限在狭小的范围之中，看不到远处的风景。居里夫人的会客厅里，只有一张简单的餐桌和两把旧椅子。她说："我生活中永远是追求安静的工作和简单的生活。"为了搞好科学研究，她放弃了许多交往，把更多的时间和精力投入到她为之毕生奋斗的事业中，获得了巨大的成就。不图享受，不追求生活的安逸，这种放弃为人生做了精彩的诠释。

能放弃的时候舍得放弃，实在是一种人生智慧。把名利地位看得淡一些，特别是把身外之物看得淡一些，顺其自然，就不会将有限的生命搅到无限的名利场中，就不会为职务的升迁劳神费力、刻意追求。就会表现出宽阔的胸怀和高尚的风格，自觉用有限的生涯追求无涯的知识，用自己的才能和智慧为社会创造财富。做到在人生追求上，有正确的"官念"，在权力的运用上，有高尚的品格，在神圣的职责面前，有无私的忠诚，在人民群众的疾苦面前，有博大的爱心。

舍得放弃还是一种自守。在纷纷扰扰的世界里，众生心态，深邃似海，变幻莫测，人心种种，感时而支，形态各异。倘若让自己跟着诱惑走，被形形色色的欲望和身外之物所束缚，缠上了名缰利锁，梦想什么一本万利，一夜暴富，这也舍不得，那也放不下，总是怨官位低，恨金钱少，为了利禄一路狂奔，就很少能感受到生活的绚丽和多彩。我们不妨从比尔·盖茨对待财富的态度中，感受这种自守，这位创造了当代个人财富神话的人，把大部分钱捐给了慈善机构，并明确表示，在身后要把全部财产捐出。放弃不是不讲物质利益，而是保持淡泊、旷达的心境，把名利看淡一些，用更多的时间净化心灵，陶冶情操，专注于我们的精神生活，不要成为金钱和欲望的奴隶。这种豁达的放弃，就是一种人生的自守。

《易经》中有一句话说得好："安其心而后动，易其心而后语，定其交而后求。"宇宙之大对于我们每一个人都是相同的，关键在于我们是否以宇宙为空间，在自己的支点上站得住。放弃是一种自守，就要以宁静的心态面对异彩纷呈的生活，以平常的心态对待不平常的事情，以安静的心态对待喧嚣嘈杂的外界，以平和的心境处理世态的炎凉。"无欲自然心如水，有营何止事如毛"，在欲壑难填、混沌纷扰的世界，保持一份清心寡欲的高洁。

第四章 对底线的妥协：

清空它，生活不会失去方向

有底线的人生才是人生，拥有底线，才不会轻易改变自己做人的原则，反之，失去底线，会让人随着环境而左右摇摆。当一个人不再向底线妥协，生活的方向便不会偏离。

·001·
置一份洁身自好的基业

有的歪生意尽管获利颇多，却是把人引入歧途的职业。一个人在社会上生存，要想洁身自好，首先要选择一份能够让自己洁身自好的基业。

如果不能堂堂正正赚钱，赚来的钱也是不长久的。歪门邪道的生意看起来发得快，但来得快去得也快，歪生意通常要靠特定的环境和渠道，依赖性很强，一旦某个环节失灵，没有后续财源，赚来的钱又很快挥霍掉，最后还是从终点回到起点。

歪门生意总是见不得阳光的，就像俗话所说的那样：经常走夜路，总要碰到鬼。歪门生意所担的风险远比一般生意大得多。更重要的是，人一旦尝到歪生意的甜头，就不愿意再下笨功夫，把心思放在踏踏实实的正常生意的经营管理上了。而歪生意终究不能大张旗鼓地做，从长远来看，真正想成大器者，还是正正经经做人，堂堂正正赚钱好。

想要成功的人生，选择一个洁身自好的基业，听从良心的呼喊，才是最重要的。关于良心，中国从古至今就有很多说法，"问心无愧"、"良心发现"、"以至诚为道，以至仁为德"、"良心者，本然之善心。即所谓仁义之心也"、"良心就是被现实社会普遍认可并被自己所认同的行为规范和价值标准；良心是道德情感的基本形式，是个人自律的突出体现；良心就是对得起自己，对得起别人"等，这些都是人们对良心的不同认识和理解。

人们做工作追求事业，都有不同的选择，而事业确有成功与失败、荣耀与低调、名利与无私之分。倘若是从道德的层面来区分，事业可以简单地分为有良心的事业和无良心的"事业"。现实中，总有无良的人做无良心的"事业"，此"事业"非彼事业。

一个人几经拼搏，尽管其事业成就令人瞩目，但如果这件事业本身就是沾满污点的，也不会真正值得人们敬仰。做没有良心的事遭人唾弃，做没有良心的"事业"更为人所不齿。而当做事业的人已丧失良心和仁义，失去尊严与自重，不管以前"事业"多么荣耀和光彩，人们一旦想起那些无良的作为，他们的"事业"注定从根子上是失败的。归根结底，我们还是做好平凡的事，做对得起良心的事业，才更值得尊敬和敬仰。

《韩非子》中记述了这样一则故事。

鲁国人公仪休很喜欢吃鱼，当了鲁国的相国后，很多人送鱼给他，他都一一婉言谢绝了。他的学生问他："先生，你这么喜欢吃鱼，别人把鱼送上门来，为何又不要了呢？"他回答说："正因为我爱吃鱼，才不能随便收下别人送的鱼。如果我经常收受别人送的鱼，就会背上徇私受贿之罪，说不定哪一天会免去我相国的职务，到那时，我这个喜欢吃鱼的人就不能常常有鱼吃了。现在我廉洁奉公，不接受别人的贿赂，鲁君就不会随随便便地免掉我相国的职务，只要不免掉我的职务，就常常有鱼吃了。"公仪休不接受别人的鱼，是因为他有自己的立身原则，他不会为了蝇头小利，铤而走险而沦为别人的奴隶，最终使自己想吃鱼而没有鱼吃。

一个官员，善解民意，在自己的职权范围内，尽力服务民众，帮助民众，父老乡亲不会骂他忘本，大家认可他的人品与格调，他自己也对得起良心，他从事的就是有良心的事业。那些在风雨中修路建桥的建筑工人，看着一条条道路畅通无阻，人们穿梭于桥梁之间，他自己的劳动为他人带来了便利，同时也养活了家人，他的事业就是有良心的事业。每日必须早起，在人们上班之前已经清扫完街道的保洁员，他们尽管收入微薄，但却为大众带来舒心的环境，他们的事业也是有良心的。还有那些不讲回报只讲付出的义工，那些在非政府机构中工作的有志之士，他们从事的事业，也都是有良心的事业。总之，所有做有良心的事业的人，他们永远值得人们普遍尊重。

"世上之所以有道德生活，最终要归因于良心。"人生的职业生涯和事业方向，大多可以由自己做主。我们阻挡不了别人选择什么事业，但能够让自己做有利于个人发展、给他人带来益处并饱含良心的事业。只有做有良心的事业，我们才不会因无良而后悔，也不会因无良而遭受鄙视，也才会安然面对踏实的、真实的人生。

·002·
做到无功不受禄

"取本分之财，戒无名之酒。"这是唐太宗李世民《百字箴言》中的一句话。他以此告诫各级官员要做到无功不受禄，取本分之财，不贪不占。

船因超载而沉没，人因诱惑入歧途。精彩世界，诱惑多多。在五光十色的"香饵"面前，如果让非分之财占了主导地位，就会因挡不住金钱的诱惑而巧取豪夺，挡不住权力的诱惑而卖官鬻爵，挡不住名利的诱惑而沽名钓誉，挡不住奉承的诱惑而忘乎所以，挡不住美色的诱惑而寻花问柳，等等。诱惑犹如污浊暗流蔓延施虐，时刻冲击、腐蚀着人们的灵魂。非分之财源于人性的贪婪、源于私欲的膨胀、源于利益的诱惑。诱惑的魔力，利用的是人生的非分之财。只有摒除非分之想，你才能在诱惑面前眼不红、心不乱、手不伸、腰不弯，经得住考验，顶得住歪风。

《左传·襄公十五年》记载了一则距今两千五百多年前的故事，大意说：春秋时宋国有人得到一块珍贵的美玉，要献给大臣子罕，子罕婉言谢绝。献玉人说："这玉曾请玉匠师父看过，他认为是个宝物，所以我来献给您。"子罕说："我以不贪为宝，你把美玉视为宝物，那还不如你我各自持有自己的宝物为好。"

古代先贤认为，人只要有一念之私，必有非分越礼之嫌，他们就很可能由刚毅变得软弱，由聪明变为糊涂，由慈善变得残忍，由纯洁变为污浊，并由此毁灭了一生的品格。所以古人把不贪婪当作修身之宝，依此平安地度越终生。子罕大臣以不贪为宝，献玉人以美玉为宝，如果献者献了，子罕受了，他二人也就同时失去了各自的宝物。

有一名贪官在走向刑场时说了一段忏悔之言："一个对不义之财伸过手的人，不仅仅是丢弃了修身之宝，简直就是一台失去刹闸的汽车，在坡路上急速下滑，怎么也刹不住车了，十有八九，不是撞到悬崖上粉身碎骨，就是滑向万丈深渊死无葬身之地。"人之将死，其言也善。这个贪官的临终之言，值得细细地咀嚼咀嚼！

有人断言，古今中外的贪官无一例外，一旦他们收了贿赂，大多变成了由行贿者摆布的可怜虫。常言道："吃人家的嘴软，拿人家的手短。"不论为官为民，其人格品行的修养是终生大事，凡优秀的人品，都要经过各种环境的考验与磨炼，才可能修成正果。贪婪是万恶之源，不论本来是多好的人，其品质德性多么优秀，只要他有了贪私的念头，对不义之财伸过手，终将会变得昏庸、残忍，丧失人牲，正直刚毅之气则烟消云散。

·003·
知足，这才是真正的富有

人的欲望是无止境的，面对如今令人眼花缭乱、物欲横流的世界，你若是一个"不知足"者，那令你心动、想入非非的诱惑实在是太多太多了，你也会发现自己永远都是一个贫穷者。

每个人都有各自的欲望，人的欲望又是永无止境的，俗话说："猛兽易伏，人心难降；溪壑易填，人心难满。"而生活所能提供给欲望的满足却又总是有限的，于是因为欲望多多，不少人虽然每天食有鱼穿名牌住靓宅行有车，但是依然体味不到生活的欢乐。人生之祸又大多是由于不知足引起的，唐人李群玉在《放鱼》一文中如是说："须知香饵下，触口是铦钩。"当今世上那些贪食贪财之人，还不是在欲望的钩子上败走麦城？ 更有甚者，对钱财对权位对美色贪得无厌，从而肆无忌惮地用不法手段攫取，以至最终搬起石头砸自己的脚，弄得身败名裂甚至误了卿卿性命。再看看监狱里形形色色的案犯，又有几个不是由于贪心而失去自由身？正如道家鼻祖老子在《道德经》所言的："甚爱必大费，多藏必厚亡。故知足不辱，知止不殆，可以长久矣。"其意即是说，过于爱名利就必定要付出更多的代价，过于积敛财富，必定会遭到更为惨重的损失。所以说，懂得满足，就不会受到屈辱，懂得适可而止，就不会遇到危险，这样才可以保持长久的平安。

明人朱载育写的一首打油诗《十不足》："终日奔忙只为饥，才得有食又思衣；置下绫罗身上穿，抬头又嫌房屋低；盖下高楼并大厦，床前却少美貌妻；娇妻美妾都娶下，又虑出门没马骑；将钱买下高头马，马前马后少跟随；家人招下数十个，有钱没势被人欺；一铨铨到知县位，又说官小势位卑；一攀攀到阁老位，每日思想要登基；一日南面坐天下，又想神仙来下棋；洞宾与他把棋下，又问哪是上天梯；上天梯子未做下，阎王发牌鬼来催；若非此人大限到，上到天上还嫌低。"此诗把贪婪者的心理状态刻画得淋漓尽致。同时也深刻地揭示了一条真理：过分的"污染"心灵、放纵行为是会付出代价的，贪婪必将导致堕落毁灭。

古希腊的《伊索寓言》里有这么一句话："贪婪往往是祸患的根源。"实践证明，在物质上的"不知足"，就会使人失去理智，迷失自我。只有学会"知足"，才能抛开一切名缰利锁的束缚，使你的人生得到充实、丰富、自由、纯净；有了"不以物喜，不以己悲"的心情，才能使你变得理智、成熟。

1983 年，石油危机爆发，石油大亨默尔不停地奔波于两州之间，连日的劳累终于使他病倒了。但当他病好后却卖掉了公司，回到老家苏格兰定居下来。记者问他原因，默尔指着罗斯顿的名言，说："利奥·罗斯顿。"后来有人发现默尔在他的自传中写了这么一句话："富裕与肥胖没有什么两样，不过是获得超过自己所需的东西罢了。"而默尔正是在罗斯顿的史言里学会了知足，并明白了，对于一个人来说，最大的财富就是健康和快乐。

常常有人抱怨，活着真累，做人有太多的愁苦忧烦。的确，因为无穷无尽的欲望总难以满足，失望与忧伤时常向我们袭来。为了生活得更加美好，许多人又不得不四处漂泊，流着汗水默默辛苦地工作。尽管如此，困惑与烦恼依然与我们结伴同行。而通往幸福的道路更是布满荆棘，我们在变幻莫测之中倘若没有足够的聪明才智权衡利弊得失，就可能会在不经意中摔跟头。因此，学会生存智慧对我们每一个人而言都十分重要。

知足才能常乐，知足才能常安，这是现代人应铭记于心并要身体力行的生存智慧。因为只有知足一点，我们才能根绝那些折磨人的不切实际的欲望，从而生活得安宁。当然，把知足作为一种生存智慧，我们不能把它理解成随遇而安、不思进取等消极的人生态度，否则"知足"只会成为我们前进路上的绊脚石。我们所说的"知足"是对现实生活的欣然接受。其实当我们通过努力仍无法改变生活的处境时，除了欣然接受外，还有更好的选择么？"知足"也应该是为不负有限的生命奋发图强的同时，不与他人比地位高低比富贵享受，能坦然地对待功名利禄，有着古仁人志士范仲淹那种"不以物喜，不以己悲"达观的处世态度，学会在平淡的日子里没事偷着乐。如果我们都能"知足"，就能在顺境中优哉游哉，万一置身逆境也能安之若素。如此，何愁生活不幸福快乐？

对财富的追求是无可厚非的，但终日为钱所累的人，可以说做了一生有钱的乞丐，成了金钱的奴隶。更有甚者为了钱耗尽其毕生的精力，到头来除了钱一无所有。也许人们太在意对金钱拥有的多少，而忽略了其他，其实人间有许多无价之宝，没有任何土地或钱财能与这些无价之宝相比。如果我们想要以良好的心态，从容的步履走过人生的岁月，就不要表现得太贪婪。我们可以允许财富进入我们的屋内，但永远不要让它主宰我们的心灵。

诺贝尔说过："知足是唯一真正的财富。"人人都想站在人生舞台的最前面担当最佳主角一色，当欲望促使人们去仓促地采取行动，而最终无法得逞时，才悔悟：知足者，方能获得最大的满足。其实幸福在哪里，幸福就在我们心中，一个安稳踏实的梦，一个和谐温馨的家……所以，从今天起，卸下你沉重的包袱吧，用崭新的眼光来重新审视你自己，让自己的灵魂挣脱无止境的索求，进入怡然之境，这样的你才是最富有的。

·004·
拥有正确的财富观

在当下这个物质社会中，人们必须对财富有正确的认识。也只有这样，人们才能懂得如法求财、合理使用；才能从容地驾驭它，而不是被它左右和裹挟。

很多人都认为，财富是自由的保障，似乎有了钱就可以随心所欲地生活。事实上，占有越多就越不自由。因为欲望是被逐渐激发出来的，占有得越多，期待和牵挂也就越多。曾几何时，万元户就是富裕生活的标准。可多少万元户因此满足了呢？有了一万，就会想着十万，然后是百万、千万。往往是钱越多就感觉缺得越多，使生活不停地围绕这个轴心运转，从而忘却了人生的根本。

有个比喻说，假如把财富、事业、荣誉、地位都比作 0 的话，健康就是前面的那个 1。否则，即使拥有再多，也还是等于 0。但我们常常意识不到这一简单的道理，为了挣钱毫不顾及身体。结果"年轻时以健康换金钱，年老时以金钱买健康"。那么，健康是金钱可以买来的么？金钱可以换来最新的药品，换来精细的护理，但并不能保障我们的健康。

从另一个角度来说，我们为获取财富使健康遭受的损失固然是金钱无法弥补的，但我们为谋取私利而使心理遭受的伤害就更难以愈合。欲望是无限的，财富却是有限的。我们为尽可能多地占有财富，不仅直接或间接地侵占了他人利益，也使我们自己滋长了重重烦恼。这些内在的伤害或许不会在短时间显现出来，但它的影响却不会随着时间的流逝而消失。

这就要求人们树立正确的财富观，即优化财富品质，消除仇富心理，共同创造和分享财富。树立正确的财富观，要尊重和加强财富的制度激励与引导，同时也要给贫困者一定的生存保障，让财富能为社会公共利益服务。在善待财富及其创造者的同时，保护好贫困者的基本生存权利和生存空间。

共同富裕，绝不是一蹴而就的。要有一个情感融和、机会均等、智技接近的漫长靠近过程。拥有财富者，理当用生活关爱和情感援助为主要内容的人文关怀，乐善好施，给社会边缘者以社会公正，要富而思源，由富生仁，不挥霍奢侈，不花天酒地，不作威作福，不伤天害理，不贪色淫乱，不贪赃枉法，锻造良好的财富品质；社会边缘者，应当消除对富有阶层财富创造和积累的误读，给财富创造者和占有者以社会公平，要贫而不馁，不由怨生恨，不妒忌成性，不歪门邪道，不自暴自弃，不劫财害命，不以身试法，要以智求技，以劳致富，依法创造劳动成果向财富靠近。

·005·
无欲则刚——立身行事的指南

认真做事、清白做人，之所以说它是人生的坐标、做人的准则，是因为它贯穿一个人的思想到行动、精神到行为，反映出一个人的敬业精神和真、善、美的崇高品质；直接体现一个人的世界观、价值观和道德观。

发展科技的目的在于改善物质条件，科技的进步确给我们的生活带来了诸多的便利，但同时也使人类的欲望随着经济的发展而不断升级，造成了很多新的社会问题。比如，现代年轻人奉行的是能挣会花的生活原则：拼命地挣钱，拼命地花钱，看起来似乎是工作、享乐两不误，但大家想过没有，大家在享乐中花掉的是什么？是大家的生命！因为挣钱是要花时间的，而时间就是生命。其实，一个人的基本生活可以用非常简单的条件来解决。

在物质空前丰富的今天，我们没有因为生产力的高度发展而获得轻松，相反，我们比以往活得更累。当我们面对一桌丰盛菜肴的时候，我们的味觉已完全被它们所麻醉；当我们面对闪烁着霓虹灯的街道时，我们的视觉已完全被它们所占据……我们用了大量的时间和精力来挣钱，结果，只是

"享受"了一些我们本可以不需要的东西，这样的交换到底值不值？

清白做人。就是要：养浩然正气，葆清廉之德，立诚信之品，取宽宏之量；善行解人之危，常怀博爱之心；育健康之身心，造清白之名声。

清白做人。就是要：谨守伦理道德，两袖清风；迸发"老吾老以及人之老"的温暖，行之"君子爱财，取之有道"的诚信；"捧着一颗心来，不带半根草去"；做到"身不涉于污垢之壑，心不惑于非分之得，手不伸于贪赃之边，目不淫于炫耀之色"。总的来说，就是一句话：走正路、行正道、有正气。

戴敦元（1767—1834），号吉旋，字金溪。浙江开化人。幼时读书聪慧，过目能诵，有神童之称。10岁那年参加县学考试为学使彭瑞元所赏识。自此读书更为勤奋，"通宵达旦，常而有之"。15岁考取举人，24岁中进士，随即被选为翰林院庶吉士。此后40年，历任刑部主事、高廉兵备道、江西按察使、山西布政使、湖南巡抚、刑部侍郎、刑部尚书等职，一生清正廉明、勤朴节俭，为时人所称道，为后人所赞誉。

嘉庆初，戴敦元任刑部主事，因他精通典律，嘉庆六年（1801）参加续修《大清会典》，担任副总纂，随后出任总办秋审事。这时戴自知名噪权重，而更加细心谨慎，不使待罪之人有所冤屈，也不放过有罪之徒。时有太史杨某上书言朝政之事，触怒帝威，嘉庆皇帝要治他重罪，处以极刑。戴敦元为此案力呈皇帝，直言不讳上书："圣君应以德振威，不可以权代威。"同朝官员也为此案详呈始末，澄清杨太史上书动机，嘉庆帝迫于众议，同意赦免。秋审结束，戴敦元声誉渐高，京中考核被列为"京察一等"。

嘉庆二十四年（1819），戴敦元出任高廉兵备道之职。清代京官外放是个捞钱的好机会，不仅任内可以搜刮民财，就是沿途迎送馈赠的礼仪也是一笔可观的收入。可他不是这样，轻车微服南下。行至苏州南濠，当时这里是江南贸易中心，广东一带的商人云集于此做买卖，来去如梭，他就以客商的身份与粤人同寓，出访广东的民情风俗，官吏清浊，作为初任地方官的第一手材料。继去高廉，行至南雄驿站，回想沿途所见、出访所得，遂在馆壁题诗一首："卅载清华屡沐恩，五旬持节荡南蕃。平生志学难斯信，前辈风流严若存。报道无才勤补拙，安民有愿尽除冤。寸香片石皆尘砾，莫遣归装玷此言。"以表自己此行的心志；担任高廉道台的时间虽然不长，但因他熟谙民情，办案清正，深得民心，百姓称之为"神公"。

道光元年（1821），戴敦元任江西按察使，凡事他都亲自动手，阅案卷、兴调查、酌量刑、昭冤雪，不数月清理全省积案千余件。适逢中秋佳节，他让从属官员回家与亲人团聚过节日，唯独自己夜宿衙门，办事如平日。有属员感其恩德，准备宴请戴敦元，他不仅拒绝赴宴，还告诫属员："为官食禄，为民办事，典章自有规定。宴请利索，典章遗训无文墨记载，吾可不敢而为之。"

道光二年（1822），戴敦元升任山西布政使。从江西解职回京，着家人先行，自断其后，防止属司任意收纳馈赠之礼仪，以污自己的清白。时布政使称"方伯"。方伯，大官也。清制陋规，凡大官升迁，过境州县应设公馆迎送。地方官借此送厚礼、宴请，奉承拍马拉关系。而戴敦元素以廉洁自律，只雇一车一马一夫，像商人回家的模样，启程返京；每日以 6 个面饼充食三餐，夜晚睡在车中，黎明即催促车夫起行。回京行数千里，驿站、车夫皆不知他是个升迁的藩台老爷。山西任内，他还革除了藩台衙门官员私分"厘头银"的陋规。道光三年（1823），升调湖南巡抚。年底，调回京都任刑部侍郎，历 10 年。道光十二年（1832）出任刑部尚书。

戴敦元任刑部尚书时，曾假归故里。途经杭州逗留期间，适逢浙江巡抚寿诞，举办寿宴，他只好勉为应酬。是日恰遇大雨，他穿雨屦带着油纸伞前往参加。宴后，其他官员呼车备马，笙箫鼓乐。唯独戴敦元拱手辞谢，撑开雨伞，慢步走向茫茫雨中。

《清史稿》有传记，戴敦元由刑部主事累官至刑部尚书，治狱无纵无滥，克持情法之平，性廉洁。死后，京邸中只留下几架诗书、一具文房和几幅字画，"其产不能百金"。道光皇帝赐国葬于杭州西湖之南山陆家埠，追赠"简恪"，倡臣奠祭。祭文中称："惟臣之情，斯世共闻，立朝四十，蔚为名臣。匪特慎刑，始终以勤。三衢阅道，德必有邻。"戴敦元一生清正廉洁，确为朝野所称道。

今天，我们在面对错综复杂的大千世界和来自各方的种种诱惑时，"无欲则刚"这一警语可作为立身行事的指南。被"物欲"充斥头脑的时候，没有道义，没有天理，尔虞我诈，必然是被金钱所奴役的腐朽的结果。人若没有私欲，品格自然高峻洁清，不染尘泥，自觉做到自重、自省、自警、自励，时刻保持清醒的头脑，自觉抵制各种诱惑。社会上还存在着假、恶、丑现象，有了"无欲则刚"的操守，将使人们能在障眼的迷雾中辨明方向，勇往直前，屹立世间，永不摧折。

·006·
不要被他人的生活左右

生活中常常打扰我们、让我们感到不安的，往往并不是我们自己，而是别人的生活方式。

总是羡慕别人的生活，就会给自己造成混乱和迷茫，甚至使自己不得安宁。羡慕别人的代价，常常就是失去自己。不去羡慕别人，你的日子就会变得悠然平静，从容不迫。不去羡慕别人，你才会找到自己的生活，完成你自己的事业，达到你自己的目标，过好你自己的日子。

22岁的美国华裔数学家王章程，毕业于美国加州大学。毕业后，他的同学多数都去了大财团、大公司，只有王章程一头扎进了加州私人研究室，一干就是10年。10年中，他的生活收入非常微薄，30岁了还买不起房子。而他的同学们已经是月收入几十万、上百万元的大老板，他们开着高档车子，住着大房子，带着漂亮的妻子，而王章程连女朋友都没有。好在他从来不羡慕别人，只对自己的事业感兴趣。虽然他的生活比别人差了几个等级，但他本人似乎全然不知。在外人看来，王章程的生活是世界上最糟的一种。

王章程却不管这些，10年中他默默无闻，如饥似渴地做着自己的研究工作。在他 35 岁的时候，他攻克了世界上两项顶尖级数学难题，从此成果迭现，美国十几家大学先后聘请他前去任教。多少年过去，在世界数学界，他被称为数学之王。

正因为他从来不羡慕别人的生活，才能生活在自己的天地里，才能不受外界的干扰干自己的事，也才能取得如此的成就。

在这个世界有人开着高级轿车，有人住着大洋房，有人是显赫的高官、富翁，有人是大财团的董事长，当然也有平民，百姓，普通人……每个人内心多少都有点虚荣心在作祟。消除内心的挣扎，战胜自己的心魔，做到坦率，真诚，简单，平凡，内心清静就好。不要盲目去羡慕别人的富贵、荣华。只有不去羡慕别人，才会真正生活在属于自己的天地，才有可能取得属于自己的成就。

比如说，你已娶妻生子，就要义不容辞地承担起照顾家人、供养子女的责任。在这种时候，对你最有利的事就是对家人尽职尽责、信守诺言。其实，无论经商，还是工作，或是讲学，任凭别人怎样劝说，你都要坚守住生活的目标和内心的良知。

当你充分领悟了这种生活方式的含义，就不会再对别人的生活指手画脚，横加干涉。你会把自己的想法告诉他们，仅此而已，然后不抱任何期待。你只相信他们能够做好，至少能够从错误中吸取教训。

在河的两岸，分别住着一个和尚与一个农夫。

和尚每天看着农夫日出而作，日落而息，生活看起来非常充实，令他相当羡慕。而农夫也在对岸，看见和尚每天都是无忧无虑地诵经、敲钟，生活十分轻松，令他非常向往。因此，在他们的心中产生了一个共同念头："真想到对岸去！换个新生活！"

有一天，他们碰巧见面了，两人商谈一番，并达成交换身份的协议，农夫变成和尚，而和尚则变成农夫。

当农夫来到和尚的生活环境后，这才发现，和尚的日子一点也不好过，那种敲钟、诵经的工作，看起来很悠闲，事实上却非常烦琐，每个步骤都不能遗漏。更重要的是，僧侣刻板单调的生活非常枯燥乏味，虽然悠闲，却让他觉得无所适从。

于是，成为和尚的农夫，每天敲钟、诵经之余都坐在岸边，羡慕地看着在彼岸快乐工作的其他农夫。

至于做了农夫的和尚，重返尘世后，痛苦比农夫还要多，面对俗世的烦忧、辛劳与困惑，他非常怀念当和尚的日子。

因而他也和农夫一样，每天坐在岸边，羡慕地看着对岸步履缓慢的其他和尚，并静静地聆听彼岸传来的诵经声。

这时，在他们的心中，同时响起了另一个声音："回去吧！那里才是真正适合我们的生活！"

过自己的生活，多么美妙的想法，其巨大的潜能既让人心生敬畏又令人欢欣鼓舞。

我们的生活已经注入了有用的、艺术的、有益的、慈爱的、高尚的因素，我们都有很好的机会对生活精雕细琢。可是很多人为繁重的工作所累——忙不完的事，见不完的人，最后的期限以及各种契约合同。我们已经淡忘了，只要自己愿意，可以花些时间学习如何生活，学习如何用关爱、和平与希望创造幸福生活。

· 007 ·
靠勤奋，而非投机取巧

现代生活越来越快的节奏与越来越大的压力，让越来越多的人想快速发财，及早成功。为了成功，发财，一些人贪图一时之快，投机取巧，甚至铤而走险……然而无数的事实告诉我们，躲藏在一时之快后面的往往是更大的危险和痛苦。

投机取巧会使人堕落，无所事事会令人退化，只有勤奋踏实地工作才是最高尚的，才能给人带来真正的幸福和乐趣。生活中的各种实例生动地证明了这样一个道理：无论事情是大还是小，如果你试图投机取巧，也许在表面上你节省了一些精力和时间，但是从长远本质上讲，你损失的会更多，你将花费更多的时间和精力以及财力等等。

从某种意义上说，在一个方向上一丝不苟，也比草率分心、往多个方向发展可取。因为做事一丝不苟能够迅速培养一个人良好的品格，让他获得智慧，加速进步与成长；更重要的是它能带领人往好的方向前进，鼓舞人不断追求进步。而一个人一旦养成投机取巧的习惯，那么他的品格会大打折扣。做事不能善始善终的人，其心灵亦缺乏相同的特质。他因为不会培养自己的个性，意志无法坚定，因而无法实现自己的追求。一面贪图享乐，一面又想修道成佛，自以为可以左右逢源的人，终将会享乐与修道两头落空。

从前，河附近有一只做小本生意的驴子。他专门卖盐和海绵，过着愉快而又辛苦的生活。

一天，一头老黄牛听别人说驴子在做生意，而且生意做得很红火，他想买点东西。但是，由于老黄牛的腿脚不方便，不能走远路，这让老黄牛有些伤心。这时，老黄牛看见了驴子，急忙叫住他，亲切地问："你们这里有没有送货服务？""当然有喽，您要些什么？"驴子问。

"嗯，我要些盐。"老黄牛回答道。

"可以，下午一定送到！"驴子兴奋地说。

"太好了，真是谢谢你啊！"

"不用谢，这是我应该做的！再见！"驴子越来越高兴了，"我又有生意做了耶！"

下午，驴子拿好盐，正走在去老黄牛家的路上。可是，驴子走了一段路，发现前方有一条小河。他壮了壮胆，还是坚持要走下去。突然，驴子脚下一滑，跌倒在小河里。但他心坚如铁，毫不动摇，顽强地站了起来。他站起来的时候，觉得盐轻了许多，驴子开心地说："真是天下奇事，盐变轻了！"他轻松地来到了老黄牛家，对老黄牛说："黄牛大伯，您要的盐来了！""快让我看看。行，这是盐的钱，哦，对了，看你那么辛苦，再给你一些赏钱。拿好，再见啊！"驴子又高兴地说："太棒了，以后再滑下水，既可以省力，又可以拿到赏，真是一举两得！"

又一次，老黄牛请驴子送海绵，也同样遇上了河，他想起了上次驮盐尝到的甜头，这次还想试试。他故意滑下水。突然，海绵变得越来越重，最后把驴子压死了。

《老子》中说："大智若愚，大巧若拙，大音希声，大象无形。"老子认为真正的"巧"不在于违背事物发展规律去卖弄自己的聪明，而在于处处顺应事物发展规律，在这种顺应中，使自己的目的自然而然地得到实现。而那些投机取巧行为，从根本上来说，就是违背了事物发展规律，急功近利，不择手段，结果往往弄巧成拙，事与愿违。而那些宁拙毋巧、大巧若拙的人，看起来不显山不露水，扎扎实实干事，老老实实做人，反倒不声不响地把事业推向了高峰。

2009年初秋，87岁高龄的诺贝尔奖物理学奖得主杨振宁在重庆八中做了一场精彩演讲。演讲结束之后，杨振宁应邀为中学生题词，提笔在纸上写下四个大字："宁拙毋巧。"杨振宁说："我今天之所以写这几个字，就是希望从你们年轻一代开始，学会诚实。投机取巧是没有前途的，做学问必须诚实，脚踏实地，才会成功。"

宁拙毋巧，这个"拙"，不是笨拙的拙，而是指老老实实，踏踏实实，一步一个脚印，用汗水去换成果，走正途去求成功；这个"巧"，也不是巧夺天工的巧，而是投机取巧，歪门邪道，弄虚作假，偷工减料。平心而论，那些投机取巧者，也确有侥幸取得成功的，确实比一般人投入少产出多，但靠投机取巧出大成就、干大事业的，古今中外从未耳闻，诚如鲁迅先生所言："捣鬼有术，也有效，然而有限，所以以此成大事者，古来无有。"即使聪明过人的杨振宁，当初也是靠笨功夫成功的，连续几个星期、每天十几个小时泡在实验室里对他来说是家常便饭，正是年复一年的努力，夜以继日地苦干，才使他最终脱颖而出，与李政道一起，获得了诺贝尔奖物理学奖的殊荣。因而，"宁拙毋巧"，既是他的成功之道，也是他的经验之谈。

搞学术如此，做其他工作也是如此。譬如商品生产、销售，那些几十年不倒的国际知名品牌，虽然也巧做广告，宣传自己，但更是靠质量、信誉取胜，靠良好的售后服务取胜，其主要精力还是放在了这些必不可少的笨功夫上。而靠虚假广告骗人，靠假冒伪劣产品欺世的商家，固然也能一时赚得暴利，但早晚会露馅，早晚得垮台，这种事例也俯拾即是，他们就输在一个投机取巧的"巧"字上了。

第五章 对境遇的偏执：

清空它，遇见更好的改变

易卜生说："不因幸运而故步自封，不因厄运而一蹶不振。真正的强者，善于从顺境中找到阴影，从逆境中找到光亮，时时校准自己前进的目标。"然而，很多人却恰恰相反，认为顺境便是大喜，可以沉溺；逆境便是绝境，只能无望。其实，人一生还有无数的境遇，回首便能发现，当下不过是人生的一小部分，清空对当下境遇的偏执，才能更进一步。

·001·
人生的境遇不是绝对的

有"乐极生悲"，也有"柳暗花明"，人生的境遇往往都不是绝对的。当一个人高兴过了头，可能便会迎来祸事；在一个人伤心绝望至极之时，也许下一个路口变会撞上好运。

人生中的悲欢苦乐，也和阴阳一样，有其固有的特性，它们不是绝对的，是相对的。有的苦尽甜来，有的乐极生悲，有的在顺利时突遭祸患，有的则处逆境而时来运转。

1956 年，在男子单人双桨赛艇比赛中，苏联年仅 18 岁的小将维亚切斯拉夫·伊万诺夫凭借超人的耐力和顽强的拼搏精神，以 8 分 2 秒 5 的优异成绩率先撞线，收获了他运动生涯中的第一枚奥运金牌。颁奖仪式结束后，走下领奖台的伊万诺夫兴奋异常，在文多雷湖边，他深情地亲吻着这枚来之不易的金牌。随后，和着观众一次又一次的欢呼，伊万诺夫一次又一次地将金牌抛向空中。或许因为是首次夺冠而兴奋过头，伊万诺夫越来越使劲，金牌也被他越抛越高。

然而，金牌在一次触碰他的手指后不慎落入了文多雷湖。这一刹那，伊万诺夫才幡然醒悟。他不顾一切地跃入湖中寻找他的金牌。尽管伊万诺夫不断地潜水直到精疲力竭，尽管一些职业潜水员也加入了搜寻的行列，但依然一无所获。这个来自莫斯科的赛艇天才为自己的年少轻狂付出了最惨痛的代价。幸而，大会组委会不忍看到伊万诺夫伤心回国，经过协商，他们补发了一块金牌的复制品给伊万诺夫。此后，1960年和1964年，伊万诺夫在罗马和东京两度卫冕该项目冠军，成为奥运会史上单人赛艇中唯一的三连冠选手。领奖仪式过后，他再也没有重蹈覆辙，说什么他也不愿把金牌抛向天空了。

恰当的文娱活动能调理情感，无休无止的欢喜却易转益为害。物极必反，穷则思变，"大凡称心处，即是多病处"。"棋可遣闲，易动心火"。一鼓味狂欢尽兴是浮浅的人生，换来的常常是疾苦的懊悔。尽兴有度是达不雅的人生，兴尽悲来不局限于文娱方面，触及人生的各个方面。欢喜与悲痛是伴生的，欢喜有度会欢喜常伴。

战国时期，齐威王是个喜欢彻夜饮酒的君王，有一年楚军进攻齐国，他连忙派自己信得过的使节淳于髡去赵国求救。淳于髡果然不辜负齐王重托，到了赵国就请来了10万大军，吓退了楚军。当然，齐威王十分高兴，立刻摆设酒宴请淳于髡喝酒庆贺。齐王高兴地问淳于髡："先生你要喝多少酒才会醉？"淳于髡一看这架势，知道齐王又要彻夜喝酒，必定要一醉方休。他想了想回答道："我喝一斗酒也醉，喝一石酒也醉。"齐王不解其意，淳于髡解释自己在不同场合、不同情况下酒量会变化，"所以我得出一个结论，喝酒到了极点，就会酒醉而乱了礼节；人如果快乐到了极点，就可能要发生悲伤之事（此句原文即'酒极则乱，乐极则悲'）。所以，我看做任何事都是一样，超过了一定限度，则会走向反面了。"这一席话说得齐威王心服口服，当即痛快爽朗地表示接受淳于髡的劝告，今后不再彻夜饮酒作乐，改掉了恶习。

其实，人们需要对自己，对事情有一个度，适可而止。度的真正内涵为限度，或者说是程度，是一切事物从量变到质变的临界点。量变只有在一定范围和程度内，事物才能保持其原有的性质，而超过一定范围和程度的过度，则会使事物的根本性质发生巨变。事物性质的巨变不仅仅局限于事物前进与上升的发展。因而，物极必反、过犹不及是任何事物在其发展过程中不可避免的客观现象，而这，也正是适度与过度正在一切事物发展过程中的外化和表现。

过度与适度是同一事物发展过程中的两种不同状态，他们之间没有一条不可逾越的鸿沟，而是处于一种微妙的朦胧状态。因而，在事物的发展过程中就必须把握好度的标准，凡事适可而止，过犹不及。

罗杰斯来自一个破碎家庭，很早就辍学，住在一个看护机构里。2003年，她买了一张全国大乐透彩票，结果中了巨额奖金。

中奖后的她真的"乐透"了，开始疯狂消费，买名车、穿时装、搞舞会，甚至隆胸。中奖不久，她便结了婚，还诞下两名子女。但乐极生悲，后来她花了 25 万英镑买可卡因，染上毒瘾，也患上抑郁症。由于精神上的问题，甚至失去了孩子的监护权。

她曾经三度自杀，人生几乎全毁。金钱曾给她带来很多快乐，也带来无比痛苦。如今，她只剩下 10 万英镑，却感受到前所未有的快乐。

现年 22 岁的她说："几个月前我还在吸毒，而且非常痛恨自己，根本不想活下去。如今我遇到新男友，终于变成了我渴望成为的女人。这一切，都是我几乎花光所有钱之后才发生的。"

对于未来的生活，她有新的安排。"我已跟医生预约，要治好抑郁症。我要重新整理我的人生，让我的孩子以我为荣。这是我第一次觉得我可以做得到。"

她感谢男友给她帮助，给她一个安定的家。如今她希望可以完成大学学业，成为一名辅导员。她说："毕竟经历了这么多，我认为我可以提供很多建议。"

大喜自然会在短时间让人感到极度的幸福，但是实际的情况往往是"乐极生悲"，所以大喜往往会令人陷入危险的境地。因此，大悲和大喜都不是好的心态，极端的情绪会影响人追求幸福的感觉和生存的状态。成熟的心态应该是"不以物喜，不以己悲"，这是一种比较高的精神境界，需要不断地领悟和修炼，有什么样的心态，就会成就什么样的事情。我们应当避免情绪极端化，将心态控制在一个平衡的位置，而控制的关键在于如何理性地看待"失"与"得"。心态平衡了，也多一份从容，于是很多问题也就迎刃而解了。

· 002 ·
得意可以，但不能忘形

人是可以得意的，但绝对不可以忘形，因为今日的得意也许就是明日的失意，而为了明天的不失意，那就丢弃今日的忘形。

得意忘形在字典上的解释是：形容浅薄的人稍稍得志，就高兴得控制不住自己。按照此解释，"得意"应该是指：得志就高兴；而"忘形"则可以理解为控制不住自己。在现实生活中见过不少得意忘形者。一般而言，得意忘形之后的结果往往都是不好的。

生活无非就是得意和失意两种状态。一个普通的人，在得意时会忘记付出时的辛劳，会忘记自己是谁，会忘记对待生活的态度，会迷失前进的方向。当有人夸其漂亮貌美的时候，她会把自己当作西施貂蝉；当有人夸其年轻时，她会报以十八岁的甜蜜微笑装嫩；当有几个人围着其转悠时，她会以为这就是众星捧月；当有人赞赏其才能无比时，他会以为这区区小地方已无法容纳；当有人奉承其见多识广时，他会感觉全球通就是他的代名词；当有人吹捧他德高望重时，他会错误地认为下一任首相非他莫属。凡此种种，都缘于对自己的认识不到位，定位不恰当，因而高估了自己，迷失了自我。于是乎，还会按照得意的拐点来修正自己未来之路、自己的人生观、世界观、价值观。

人在得意的时候容易忘形，也许是人性的某种本能趋势。因为得意，人会变得飘飘然，把自己看得至高无上，鹤立鸡群，自我感觉良好，晕晕乎乎难以辨别方向。人生最大的悲哀莫过于无法找到理应属于自己的位置，而在不该属于自己的位置上抢占强占。也许你暂时得到了本不该属于你的东西，但这种好景不可能长久，一旦失去，又该如何面对？得意忘形和不忘其行有着本质的区别。我认为，这是一个心理素质、经验深浅、理念和意识的综合性问题。素质高、经验丰富、理念端正、意识清晰的人，在得意之时是不会忘形而大肆张扬的，更不会忘乎所以而为所欲为。他们能够清楚地看到得意背后的隐患，他们更能掌控得意后的轻狂。就是这两种表象，两种境界，两种因果，给不同的人生铺就了两条通往不同终点和结局的道路。而与其在得意忘形后一落千丈，无人问津，门庭冷落，倒不如谦逊行事，落一个好结果、好人缘、好口碑。

从前有一个农夫，他的地在一片芦苇地的旁边。那芦苇地里常常有野兽出没，他担心自己的庄稼被野兽毁坏了，就总是拿着弓箭到庄稼地和芦苇地交界的地方去来回巡视。

这一天，农夫又来到田边看护庄稼。一天下来，没有什么事情发生，平平安安地到了黄昏时分。农夫见还安全，又感到确实有些累了，就坐在芦苇地边休息。

忽然，他发现苇丛中的芦花纷纷扬起，在空中飘来飘去。他不禁感到十分疑惑："奇怪，我并没有靠在芦苇上摇晃它，这会儿也没有一丝风，芦花怎么会飞起来的呢？也许是苇丛中来了什么野兽在活动吧。"

这么想着，农夫提高了警惕，站起身来一个劲地向苇丛中张望，观察是什么东西隐蔽在那里。过了好一会儿，他才看清原来是一只老虎，只见它蹦蹦跳跳的，时而摇摇脑袋，时而晃晃尾巴，看上去好像高兴得不得了。

老虎为什么这么撒欢呢？农夫想了想，认为它一定是捕捉到什么猎物了。老虎得意得简直忘了形，完全忘了注意周围会有什么危险，屡次从苇丛中跳起，将自己的身体暴露在农夫的视线里。

农夫悄悄藏好，用弓箭瞄准了老虎现身的地方，趁它又一次跃起，脱离了苇丛的隐蔽的时候，就一箭射过去，老虎立刻发出一声凄厉的叫声，倒在苇丛里。

农夫过去一看，老虎前胸插着箭，身下还枕着一只死獐子。

老虎捕到了獐子高兴万分，却没料到中箭而死，真可谓是乐极生悲。人生在世，应该谨慎从事，不要被一时的胜利冲昏了头脑，以至于丧失了对危险的警惕，否则，就会埋上灾祸的隐患。

谦虚谨慎是成功人士必备的品格，具有这种品格的人，在待人接物时能温和有礼、平易近人、尊重他人，善于倾听他人的意见和建议，能虚心求教，取长补短。对自己有自知之明，在成绩面前不居功自傲；在缺点和错误面前不文过饰非，能主动采取措施加以改正。

不论你从事何种职业，担任什么职务，只有谦虚谨慎，才能保持不断进取的精神，才能增长更多的知识和才干。因为谦虚谨慎的品格能够帮助你看到自己的差距。永不自满，不断前进可以使人能冷静地倾听他人的意见和批评，谨慎从事。否则，骄傲自大，满足现状，止步不前，主观武断，轻者使工作受到损失，重者会使事业半途而废。谦虚谨慎的品格，还能使一个人面对成功、荣誉时不骄傲，把它视为一种激励自己继续前进的力量，而不会陷在荣誉和成功的喜悦中不能自拔，把荣誉当成包袱背起来，沾沾自喜于一时之功，不再进取。

·003·
跌倒会难过，但一定要再爬起

生活中的逆境，能成为砥砺人生锋芒的砺石。逆境能打击一个人，毁灭一个人，也能成就一个人。要知道生活中没有过不去的坎，只有不愿爬起的人。对于那些能够跌倒再爬起的强者，逆境是上天给予人们的最宝贵财富，挫折是人生最好的课堂。

"逆境"可谓是风云莫测的飞来横祸，人际间的互相倾轧、人为的事端和生活的苦难好像荆棘铺满人生之路，充满艰难险阻。在逆境面前，人们常会无所适从或困惑不已。有的人努力奋争，百折不挠；有的人浅尝辄止，偃旗息鼓；有的人心怀恐惧，绕道行驶。

卡耐基说："逆境是人生最好的教育。"只有经历逆境的磨难，伟大的人格才能铸就，智能与潜力才会得到有效的激发，灵魂才会得到升华。逆境对任何人都是不可避免的，在坎坷的人生道路上苦闷、惆怅、无助，从人生历程的最低谷走过，才能学会坚强和勇敢，学会思索与独立，拥有自信和勇气，拥有毅力与理想，求得生存与发展。

在美国有一位穷困潦倒的年轻人，即使身上全部的钱都加起来还不够买一件像样的西服的时候，仍全心全意地坚持着心中的梦想。他想做演员，拍电影，当明星。

当时，好莱坞有 500 家电影公司，他根据自己的路线与排列好的名单顺序，带着自己写好的，量身订做好剧本前去一一拜访。但第一轮试下来，所有的 500 家电影公司没有一家愿意聘用他。

面对百分之百的拒绝，这位年轻人没有灰心，从最后一家被拒绝的电影公司出去之后，他又回去一次从第一家开始，继续他的第二轮拜访。

在第二轮的拜访中，他仍遭到了 500 次的拒绝。

第三轮的拜访结束仍与第二次相同。这位年轻人咬牙开始他的第四次行动。当他拜访完第 349 家后，第 350 家电影公司的老板破天荒地答应他留下剧本先看一看。

几天后，年轻人获得通知，请他前去详细商谈。

在这次商谈中，这家公司决定投资开拍这部电影，并请这位年轻人担任男主角。

这部电影名叫《洛奇》，这个年轻人叫席维斯·史泰龙。

翻开任何一部电影史，这部叫《洛奇》的电影与这个日后红遍全世界的巨星都榜上有名。

没有人生来就愿意经受苦难的，但是，任何人生都会告诉我们，困难和逆境是不能避免的，尤其对一个有志向的人来说，更是如此。所以，很多人很早就做好一种心理准备，与其在困难面前束手无措，或者在逆境中悲观失望，不如干脆把人生就看作是一种磨炼、一种考验，当成一种战胜困难和逆境的过程。

困难并不可怕，可怕的是不能以正确的态度面对困难，在困难中使人倒下的往往不是困难本身，而是消极悲观的态度，是缺乏战胜困难的勇气和信心，是没有坚强的意志。人的信念、人的精神起着很大的作用，在困难中，人们通常怀着必胜的信心，而有时以顺其自然的态度面对困难，应该是更好的态度，因为有些事情的结果是难以预料的，也是难以左右的，期待着什么结果也许会使人失望，能做到尽力而为就是了。

逆境将勇气的刀刃磨得更锋利。苦难出人才，逆境造英雄。因此，当我们遇到困难或挫折的时候，很多人都来告诉我们，逆境不仅可以砥砺人们的勇气，唤醒人们潜在的高尚品质，而且会使一个人变得更加伟大。确实，这种提醒是非常有利的。一个人如果一帆风顺，生活中没有经受任何磨炼，就很容易变得自满自足，无忧无虑，甚至飘飘然起来。这样的人往往经不住任何生活的打击，而且极容易在小的、暂时的挫折面前乱了手脚，堕入绝望的深渊。

一个叫米契尔的人，因飞机失事瘫痪在床，浑身被烧得遍体鳞伤，脸部也被烧变了形，让人看了就恐怖。按常规这个人肯定是天底下最倒霉的人了，一般人碰到这样巨大的灾难，会在抱怨与悲哀中一遍遍地追问："为什么是我？老天爷为什么这么不公平？这辈子彻底完了！活着还不如死了好……"

但是，米契尔却不同，他每天都在问自己："我怎么才能重新站起来？我康复之后怎样继续工作？我还有三分之一的身体没有被烧伤，我还有清醒睿智的大脑，这是上帝对我的恩赐，我应该怎样回报并服务社会呢？"这时候，美丽动人的女护士安妮使他顿生爱意，他不顾自己的相貌和残疾，大胆地想："我怎样才能跟安妮约会呢？我怎样向安妮表达自己的爱慕之情呢？"这个不知天高地厚的家伙，真是"癞蛤蟆想吃天鹅肉"，但是，他不仅奇迹般地恢复了健康，而且美丽的安妮如今已成为他的太太。

　　经受过苦难考验的人，往往对人才更具有爱心，对于人生才有更深的体会。苦难和困境会使我们容易接近他人的心灵，并从内心中理解和接受他们。如果没有苦难的磨炼和困境的挣扎，我们也许永远不会体验到人会是多么软弱，多么容易犯错误，多么孤独和绝望，又是多么渴望爱和被爱。所以，很多人选择了砥砺人生，他们自始至终把生活看成是一种磨炼和考验，由此，他们在任何困难前面都不会退缩和畏惧，而是调动起自己所有的勇气和智慧去迎接挑战。

·004·
顺境时节制，逆境时坚持

　　每个人都有顺境和逆境、幸运和霉运的时候。顺境可能让人浅薄，幸运让人浮躁，因而在顺境和幸运时不可得意忘形；而逆境让人深刻，霉运使人自省，因而逆境和霉运时不可垂头丧气。

　　美国汽车大王福特曾说："一个人如果自以为已经有了许多成就而止步不前，那么他的失败就在眼前了。许多人一开始奋斗得十分起劲，但前途稍露光明后，便自鸣得意起来，于是失败立刻接踵而来。"石油大王洛克菲勒也说："当我的石油事业蒸蒸日上时，每晚睡觉前总是拍拍自己的额头说：'别让自满的意念，搅乱了你的神经。'我觉得我的一生进行这种自我教育，益处很多，因为经过这样的自省后，我那沾沾自喜、自鸣得意的情绪，便可平静下来了。"是的，人生处在顺境和得意时，最容易得意忘形，终致滋生败象，乐极生悲。

　　《伊索寓言》里有这样一个故事：

　　有只蚊子飞到狮子那里，说："我不怕你，你也并不比我强多少。你的力量究竟有多大？是用爪子抓，还是用牙齿咬？仅这几招，女人同男人打架时也会用。可我却比你要厉害得多。你若愿意，我们不妨来比试比试。"

蚊子吹着喇叭，猛冲上前去，专咬狮子鼻子周围没有毛的地方。狮子气得用爪子把自己的脸都抓破了，最后终于要求停战。蚊子战胜了狮子，吹着喇叭，唱着凯歌，在空中飞来飞去，不料却被蜘蛛网粘住了。蚊子将被吃掉的时候，悲叹道："我已战胜了最强大的动物，却被这小小的蜘蛛所消灭。"

不论是逆境或顺境，坦然处事的态度，往往会使人更坚强。一个坦然面对逆境挣扎过来的人，与一个从顺境中谋得发展的人，经历过程虽大不相同，但必须都具备坚毅、正直和聪明的条件，才能取得成功。不论处境如何，为人处世之道在于不迷茫、不造作，以坦然的态度应对痛苦和快乐。无论是顺境还是逆境，都以平常心迎接它、领略它、欣赏它、处理它，激励人生的人生之舟驶向未来，充满快乐、充满生机、充满活力、充满希望！

坦然是一种心境，是面对一切的不计较，无论是金钱、名利、地位；坦然，是面对现实的一种从容不惊、一种泰然。坦然，就是要心态平和，顺其自然。它不同于古代智者的"顺天而行"、"无为而治"，也不是不在乎，任其发展。它是"有为"后的一种心理状态。人生之路并不都是充满阳光鲜花的大道，有时也会有沟沟坎坎、磕磕绊绊，许多的成败得失，并不都是我们能预料到，也不是我们都能够承担得起的，但只要我们努力去做，求得一份付出后的坦然，得到的也会是一种快乐。被批评了，没关系，及时改正，吸取教训；受到表扬了，别得意，总结经验，再接再厉；得到了，不沾沾自喜、矫揉造作；失去了，不颓废沮丧、妄自菲薄；只要有一颗坦然的心，实实在在地生活，得之淡然，失之坦然，笑看风云变化，你会发现原来一切也不过如此。

有这样一个美国人，在他6岁时就失去了父亲，为了照顾年幼的弟弟、补贴日常家庭支出，不得不休学在家，和妈妈一起下地劳作。后来他渐渐长大了，他觉得当农民不是自己的理想，于是就离开了家，进城经商。

他在一家汽车加油站旁边开了一家餐馆。因为服务周到、饭菜可口，开业后，他的生意非常兴隆。但是，他还来不及欣喜，在他经营的餐馆附近，另外一条新的交通要道建成通车，他的店铺前不再是车来人往的商业街，而成了一段人流稀少的角落。生意因此一落千丈。

经过这几次打击和折腾，他人生中最美好的年华已消失殆尽。这年，他65岁，已身无分文，他拿到了生平第一张救济金支票，金额为105美元。然而，他并未死心，他手里还保留着极为珍贵的一份专利，就是从前那份赖以生存的炸鸡秘方。他又一次打起精神，再次开始创业。5年后，出售这种炸鸡的餐馆遍布美国和加拿大。在他70岁时，这种名叫肯德基的连锁店在全美达5000家，海外达4000家。

而他，就是肯德基炸鸡的创始人桑德斯。

对得与失的认知，看似平淡，却折射出一种对人生使命的思考，对物质和精神关系的透彻理解。人的一生，就是得与失互相交织的一生。得中有失，失中有得，有所失才能有所得。一个人为了实现自己的人生目标，体现自己的人生价值，暂时放弃一些物质上的享受，去追求让更多的人过上舒适幸福的生活，这种精神不仅让人尊敬，而且那种目标达成后的精神愉悦，是一般人所体验不到的，是超越物质的更高层次的精神满足和享受。

·005·
不以发火的方式解决问题

西方有句谚语："上帝要想让他灭亡，必先使他疯狂！"愤怒就像决堤的洪水那样淹没人的理智，让人做出不可思议的蠢事。

发怒最能削弱一个人的思维能力，容易使工作陷入僵局。发怒在大多情况下不但没有解决问题，反而激化了冲突，闯下很多不近情理的滔天大祸。恼怒是片刻的疯狂，你应该控制住情感，否则情感就会控制你。

发怒是一个人的主观愿望与客观事物相悖时所产生的一种强烈的情绪反应，是当事人在想达到目的的过程中某种需要得不到满足，或自己的权益受到干扰、妨碍时所产生的不良情绪，它在程度上可以是不满、生气、愠怒、激愤和暴怒等。愤怒时，人体会调动所有的能量储备，能够迸发出比平时大得多的生理和心理力量，并且常用语言或侵犯性行为宣泄出来。

爱发怒的人，对于生活中的大小挫折或不同意见而引起的焦躁不安的情绪的忍耐力、承受力都很差。他们似乎觉得自己不该承受生活中的不方便，或不该接纳他人的不同意见或行为，或不该有生活中的挫折。

爱发怒的人，总有一种认为应当如此的态度。即他有权利对他人提出要求，生活应当为他提供他所希望如此的或希望得到的东西。如果这种愿望得不到满足时，愤怒就会表现出来。这种人，当他认为是不公平的时候，例如，因某个小错误被他人指出或纠正，马上就会暴跳如雷。爱发怒的人，往往具有很差的自制力，好像大脑无刹车控制，情绪大起大落，主观意识特强。他／她总自以为是，听不进他人意见，不能接受与其期待相左的事物。一旦不如意，怒气就迸发出来。爱发怒的人，心理上的延缓机制也很差，他／她需要的是马上的满足。用老百姓的话说，即说要就要得到。如果不能得到马上的满足，他／她的焦虑情绪就马上流露出来，怒气也会接踵而来。

有人认为，发怒是人的一种天性，是一种耗费精力的情绪。通常在发怒时，当事人会出现心跳加快，严重者每分钟可达 180 次至 220 次，容易引起心律紊乱，还可能会导致心脏病发作，甚至并发心肌破裂而猝死。在所有不良情绪中，发怒最能削弱一个人的思维能力，许多伤人毁物、甚至违法犯罪的事情都是在发怒的情况下发生的。由于发怒而导致的心悸、失眠、高血压、胃溃疡、皮疹、心脏病发作的情况也不少见。

心理学研究表明，脾气暴躁，经常发火，不仅增强诱发心脏病的致病因素，而且会增加患其他病的可能性。有效地抑制生气和不友好的情绪，使自己更融于他人，最有效的方法在于提高自己的修养及得到亲人及朋友的帮助与劝慰。少发火的人，其死亡率和心脏病复发率会大大下降。

为了控制或减少发火的次数和强度，下面介绍几种简单易行的方法：首先是意识控制。当愤愤不已的情绪即将爆发时，要用意识控制自己，提醒自己应当保持理性，还可进行自我暗示："别发火，发火会伤身体。"其次要承认自我，勇于承认自己爱发脾气，还可向他人求助，使自己从今以后克服这一毛病。再者，反应得体，当受到不公正待遇时，任何人心中都会怒火万丈，但是无论遇到什么事，都应该心平气和，冷静地、不抱成见地让对方明白他的错误之处，而不应该迅速地做出不合理的回击，从而剥夺了对方承认错误的机会。推己及人凡事要将心比心，就事论事，如果任何事情，你都能站在对方的角度来看问题，那么有很多时候，你会觉得没有理由迁怒于他人，自己的气自然也就消了。最后要宽容大度对人不斤斤计较，不要打击报复，当你学会宽容时，爱发脾气的毛病也就随着那些不愉快的情绪自行消失了。

有一个经理非常能干，又很有领导才能，就是脾气太大了，容易得罪人。这个经理也知道自己脾气不好，可是江山易改，本性难移，一直无法驾驭自己的脾气。苦思良久，下定决心要好好改造自己，于是找来一块牌子挂在胸前，上面写了"戒嗔怒"三个字，希望从此以后不再生气。

一天，他绕道经过厂房，突然听见两个女工正在细语交谈："我们经理的确长得一表人才，精明能干，心地善良，就是脾气太坏了。"经理无意中听到他们的对话，马上勃然大怒，冲上前去把两个女工痛骂一顿，责问女工说："我现在已经很有修养，把嗔心都改了，为什么你们还要在背后批评我呢？你看这个牌子，上面不是写了戒嗔怒吗？"

两个不甘被骂的女工理直气壮地说："如果您没有生气，为什么要痛骂我们？"此时经理才领悟到自己的鲁莽。

可见这位经理嘴上虽然说得很好听，但一听到别人的批评，嗔心马上就起，真是"说时容易，做时难哪"！

人所以患嗔病，就是没有修养的工夫，遇到逆境现前，嗔心一动，马上翻脸不认人，多年的朋友可以转变为仇人，结发的夫妻可能变成冤家。此时若懂得"忍"，了解世间一切都是自由平等、因缘和合的，没有你我、好坏的分别，那嗔的大病就不易生起了。我们可以换个角度思考，难道一切难以解决的问题只要生气就能够解决了吗？那是不可能的，生气唯有增加事态的严重性的作用，所以凡事要仔细思量，不可常动怒。

第六章 对浮华的向往：

清空它，一切可以变得恬淡简单

恬淡，是一种修炼到极致的境界，至真至美，至情至性，味道十足而又无比简单，高贵无比却又倍加温暖。那是执着、奉献、努力、拼搏后才会拥有的美好心境，是博大无私宽容心里盛开的那朵叫宁静和从容的花。

·001·
平平淡淡才是生活的真实

平平淡淡的生活才是真实的生活，要想生活得更真实、更恬淡，不妨以一颗平常的心过一种平淡的生活。

平淡是人生中最好的伙伴，平淡对人而言，凭借自己的理性，在生命的长河里，可以自由地生活。面对任何事情可以安心地去看待和思考，这是一种机智和韧性的表现，也学会了在人生路上。发挥弯曲的韧性，这证明了平淡中的美。我们在生活中不是时常对自己安慰吗，那就是我们内心中的平淡，耐人寻味的平淡，每个人都想平淡生活，拥有平淡就有从容，就会珍惜自己的那份坦然，宁静的心静，拥有从容，那是一种超脱和大度。

我们只有拥有平淡的真实，才真正懂得品味人生、享受人生。拥有自我，心存淡泊，拥有平淡，那才是今天的精神，就是你坦坦荡荡、自自然然的快乐，生活中的点滴愉悦，也是生活中的原汁原味，平淡是清雅的人生，平淡是人生中的飘逸，平淡也是人生中幽远的路。平淡是自然的路，犹如那花开花落，如四季的更换，也如我们宁静的生活，生命中会充满生机，是一幅人生最有价值的风景。

比尔·盖茨没有自己的私人司机，公务旅行时，他不坐飞机头等舱，只坐经济舱，衣着也不讲究什么名牌。更让人不可思议的是，他还对打折商品感兴趣，不愿为泊车多花几美元……为这点"小钱"，如此斤斤计较，他是不是个"吝啬鬼"呢？

比尔确实是一个与众不同的人，单从他对待金钱的态度上就可以看得出来。对他而言，创业是他人生的旅途，财富是他价值量化的标尺，他曾经说过："我不是在为钱而工作，钱让我感到很累。"

"我只是这笔财富的看管人，我需要找到最合适的方式来使用它。"这就是比尔对金钱最真实的看法。

事实上，钱既不会改变他的生活，也不会使他从工作上分心。他经常告诉那些向他求经的朋友："当你有了1亿美元的时候，你就会明白钱只不过是一种符号而已。"

比尔非常讨厌那些喜欢用钱摆阔气的人。他在杂志上发表自己的见解："如果你已经习惯了过分享受，你将不能再像普通人那样生活，而我希望过普通人的生活。"

在生活中，比尔也从不用钱来摆阔。一次，他与一位朋友前往希尔顿饭店开会，那次他们迟到了几分钟，所以没有停车位可以容纳他们的汽车。于是他的朋友建议将车停放在饭店的贵客车位。比尔不同意，他的朋友说："钱可以由我来付。"

比尔还是不同意，原因非常简单，贵客车位需要多付12美元，比尔认为那是超值收费。比尔在生活中遵循他的那句话："花钱如做菜一样，要恰到好处。盐少了，菜就会淡而无味；盐多了，苦咸难咽。"

一次比尔应邀参加由世界32位顶级企业家举办的"夏日派对"，那次他穿了一身套装，这还是美琳达先前在泰国普吉岛给他买来拍照时穿的衣服，样子还不错，只是价格还不到歌星、影星一次洗衣服的钱。但比尔不在乎这些，很高兴地穿着这套衣服参加了这次会议，他生活的信条就是：

"一个人只要用好了他的每一分钱，他才能做到事业有成、生活幸福。"

平日里，如果没有什么特别重要的会议，比尔会选择便裤、开领衫，以及他喜欢的运动鞋，但是这其中没有一件是名牌。

在与员工平时相处中，比尔从不像是个有钱人，他常对人说，与其说他是有钱人，还不如说他是"软件产业的卓越开拓者与领导者"，那会让他感到兴奋。他不喜欢什么事都与钱挂在一起，把金钱看成万能。一次，他在出席会议的时候，主持人给他租了一辆高级轿车，他硬是拒绝了，然后租了一辆很普通的汽车前往。在微软，比尔已经成为员工，尤其是一些新员工的榜样，他的作风感染了许多人。所以微软员工的朴素也是很出名的。这并不是说比尔吝啬，或是小气，他是在锻炼自己的意志力，也是在培养员工的艰苦创业精神，无疑这是一种非常可贵的精神。

很多人都知道功名利禄会给人带来幸福，殊不知，功名利禄也会给人带来痛苦。为了功名利禄，我们劳心、劳神、劳力。为了功名利禄，我们计划、忙碌、奔波。为了功名利禄，我们怀疑、欺诈、争斗。为了功名利禄，我们玩阴险，耍诡计，溜须拍马。

当人们的眼里只有金钱、名誉和地位，忙得连认识自己的时间都没有，忙得连修心开智的时间都没有，忙得一辈子都不知道为什么活着，忙得连关照自己身体的时间都没有，忙得连关爱家人的时间都没有。这样的钱赚来何用？这样的人其实很可怜，他们根本不知道生活本身其实就是最大的财富，唯有生活才是真正的主体，而好多人都活反了，被金钱累死了，被名声拖垮了，最终成了功名利禄的傀儡，这不能不说是一种悲哀啊！我们不能没有财富，但不能反过来被财富所奴役。人生的意义和终极追求应该是：身体的健康、家庭的幸福、内心的安宁；而不是为权力、财富、名誉、金钱和地位所烦恼。

·002·
清理心中堆积的杂物

这个世界其实很简单，只是人心会随时变得很复杂。人心本也很简单，只是在欲望的驱使下变得复杂。要想过得轻松，过得从容，我们就要时刻清理自己的内心，让自己心中的欲望小一点，让自己的心中少装一些杂物。

我们在人生旅途中，总感觉太累、太倦、太乏味，甚至更多的时候，眼里仿佛尽是令人忧郁的景致而没有半点阳光照耀，于是乎悲观、迷茫、失望、彷徨时刻纠缠着自己，让自己陷入一个难以走出的怪圈中而受尽折磨和痛苦。简单当然并非贫乏或者贫穷，而是繁华过后的追求，是去繁就简的境界。

心中少一些杂物，是一种处世的态度，是一种生命的境界。整天为自己的得失荣辱斤斤计较、牵肠挂肚、思虑重重的人，只会被各种各样没完没了的焦躁和烦恼所困扰，而享受不到人生应有的快乐和生活的美好滋味……

心中少一些杂物，才能在失败面前不灰心丧气，在成功面前不骄傲自满；心中少一些杂物，才能用一种超然的心态对待眼前的一切，不以物喜，不以己悲，不做名利的奴隶，也不为各种搅扰、牵累、烦恼所左右，使自己的人生不断得以升华；心中少一些杂物，才能在当今社会愈演愈烈的物欲和令人眼花缭乱、目眩神迷的世相百态面前凝神静气，坚守自己的精神家园，执着地追求自己的人生目标；心中少一些杂物，才能抛开一切名缰利索的束缚，让人性回归到本真状态，从而获得心灵的充实、丰富、自由、纯净……当岁月的河流淘洗掉人生的"污流浊水"时，你就会惊喜地发现，你固守住的是人生的瑰宝，你也将因此而拥有一个更加亮丽的人生。

一个老师曾给学生讲了这样一个故事：

有三只猎狗追一只土拨鼠，土拨鼠钻进了一个树洞，这个树洞只有一个出口，可不一会儿，居然从树洞里钻出一只兔子，兔子飞快地向前跑，并爬上另一棵大树。兔子在树上，仓皇中没站稳，掉了下来，把正仰头看的三条猎狗砸晕了，最后，兔子终于逃脱了。

故事讲完后，老师就问大家："这个故事有什么问题吗？"同学们说："兔子不会爬树；一只兔子不可能同时砸晕三条猎狗。""还有呢？"老师继续问，直到同学们再也找不出问题了，老师才说："可是土拨鼠哪儿去了呢？"

土拨鼠哪儿去了？老师的一句话，一下子将同学们的思路拉到猎狗追寻的目标土拨鼠上。

因为兔子的突然冒出，让同学们的思路在不知不觉中打岔，土拨鼠竟在同学们头脑中自然消失。

在追求人生目标的过程中，我们有时也会被途中的细枝末节和一些毫无意义的琐事，分散了精力，扰乱了自己原先追求的目标。这时，我们不要忘了提醒自己，土拨鼠哪儿去了？自己心中的目标哪儿去了？

崇尚返璞归真，让心灵变得纯朴、自然，才是简单做人的本真。用一个简单的微笑，一声暖人的问候，一朵传情的玫瑰，一次深情的拥抱，一次默契的配合……来表达情怀，沟通心灵，诉说衷肠，表述相知，才是人生的自然。

简单做人，才能用心做事。简单是一种美、一种境界。置身其中，便会忘却工作的疲惫、生活的烦恼、人生的忧愁。做人，只要根植于简单这块土壤，绽放出的人生之花，必定会芬芳而持久。

追求简单，让自己的心中少一些杂物，就是适当地控制自己的欲望。这当然主要是就物质生活和人际交往等方面而言。精神的追求，可能恰恰相反。一个在物质和世人关系方面追求很少的人，才可能用更多的时间去拥有精神世界的多姿多彩。

在众多的兔姐妹中，有一只白兔独具审美的慧心。它爱大自然的美，尤爱皎洁的月色。每天夜晚，它来到林中草地，一边无忧无虑地嬉戏，一边心旷神怡地赏月。它不愧是赏月的行家，在它的眼里，月的阴晴圆缺无不各具风韵。

于是，诸神之王召见这只白兔，向它宣布一个慷慨的决定：

"万物均有所归属。从今以后，月亮归属于你，因为你的赏月之才举世无双。"

白兔仍然夜夜到林中草地赏月。可是，说也奇怪，从前的闲适心情一扫而光了，脑中只闪现着一个念头："这是我的月亮！"它牢牢盯着月亮，就像财主盯着自己的金窖。乌云蔽月，她便紧张不安，唯恐宝藏丢失；满月缺损，它便心痛如割，仿佛遭了抢劫。在它的眼里，月的阴晴圆缺不再各具风韵，反倒险象迭生，勾起了无穷的得失之患。

简单做人，其实是一件很开心很自然的事情。于生活，于人生，便会少许多的纷扰和纠缠，随之得到就是种种的轻松和愉快。人，事情也就不再复杂。少了扰心的杂念和私欲，也就没有了桩桩顾虑和种种考虑，没有了尔虞我诈和钩心斗角。卸载掉思想的负担，人就会如释重负，心灵便会长出翅膀，飞翔也就变得自由自在和无牵无挂。

相对而言，如果人复杂了，其他的一切也就变得复杂。复杂的人，凡事总会去求个结果、求个利益，总要去殚精竭虑地去思前想后和平衡得失。这样一来，精神没有一刻放松，思想难得一时清净。长此以往，就会陷入沉重，陷入无助，陷入痛苦……以至于不能自拔。快乐，也就成为了天方夜谭。

·003·
不被身外之物主宰生活

人活在世上，很难与名利脱离关系。古往今来，多少人在名利二字上消磨了青春年华，被功名利禄奴役了自己的心灵，有的甚至耗费了毕生的精力。然而，却只落得一个空名，因为身外之物是一点都带不走的。

对名利应有所追逐，它有着一定的现实意义。但有的人过分贪婪，不择手段，害己害人，尔虞我诈，逞才斗气，从而引来无尽烦恼。等争取到了名利，却又不知自己到底能够保留多久，心里还是烦恼。

名声加在身上，满足的只是一种感觉，感觉的东西却是容易消失的；利益进入腰包，受用的只是口体，口体的欲望却是永无止境的。欲壑难填，永不满足，所以要殚精竭虑，永远不得喘息，直到痛苦地死去为止。其实，真正的快乐或者幸福，并不在于名利二字上。而追求名利所付出的代价和备尝的痛苦，远比得到的快乐要大得多，并且是短暂的、易失的。

总之，追逐名利如果能够顺其自然，不牵挂于心，得之则不骄，失之则不忧，权当游戏人生，也许还有不少的快乐。智者看透了这一点，宁愿意求取心灵的自由和潇洒，也不愿意成为名利的奴隶。参透了这一关，对于人生的历程来说，才是一个小小的休息，从而会补充较大的能量，生活得更幸福。

人的一生，最害怕的就是死。面对生死关头，没有人不心怀恐惧的。因为怕死，所以就会被他人用死来胁迫，就会变节投敌或者改变初衷，甚至会苟且偷生。因为贪生，宁可不要人格，违背本性，丧尽天良，坏事可以做绝。为了不死，人们便谨小慎微，瞻前顾后，畏首畏尾。可以说，人类生活中的一切，都是为了达到生而不死的目的。衣食住行是为了自身的生存，爱情婚姻是为了传宗接代，为的是自我的生存。而衣食住行和爱情婚姻中的烦恼和艰难，又占到了人生痛苦总量的百分之九十九。

金钱不是万能的，但没有金钱是万万不能的。虽然一定的物质财富可以为我们带来物质上的满足，可以为幸福美好的生活奠定良好的物质基础，但是，倘若将功名利禄作为人生的唯一目标，作为衡量事情的唯一标准，那么必将走向一个极端，成为钱奴。要知道，物质上的贫困并不可怕，最可怕的是精神上的贫困。

人不能将金钱带进坟墓，但是金钱却可以把人带进坟墓。我们应树立正确的人生观、价值观，做到君子爱财取之有道。我们，更应该具有超越现实的能力，毕竟生活的快乐、幸福与否并不取决于一个人拥有多少金钱。平淡、简单、朴实的生活一样可以唱出生命的凯歌，一样可以幸福快乐。

亚历山大大帝是马其顿国王腓力二世之子，少时拜哲学家亚里士多德为师。即位后，镇压希腊各城邦的反马其顿运动，并大举侵略东方。公元前334年侵入小亚细亚；前333年在伊苏城击败波斯王大流士三世；前332年侵入埃及、叙利亚；前331年进兵两河流域；前330年灭波斯帝国并侵入中亚；前325年（或326年）侵入印度。自此，亚历山大建立起东起印度河、西至尼罗河与巴尔干半岛的大帝国。

亚历山大大帝的一生，是以征服为荣的一生。据说在他占领了近半个地球的土地以后，曾为找不到对手而寂寞落泪，郁郁寡欢。因此，年仅32岁时就病入膏肓，任何的治疗都无法挽救他年轻的生命。他静静地躺着，谁也不知他在想什么，当他得知自己的生命将结束于人间，竟显得出奇的宁静，此时的亚历山大大帝，再也不是那个不可一世的征服者了。

就在奄奄一息之时，他布置了自己的后事，他吩咐部下说："我死以后，请你们在我的棺材上挖两个洞，把我的双手放在棺材外面，然后再抬我走过街市。"

部下们都感到很疑惑，说："为什么要这样做呢，从来没有人这样做过，也没听说有这样的事。"

亚历山大大帝以命令的口气说："但你们一定要这样做！"

部下小心翼翼地问道："能否让我们知道为什么要这样做？"

亚历山大大帝使尽最后的力气说出了让世人震惊的话语："我要让人们看看拥有无限财富的亚历山大大帝死后的双手，让人们知道我也是两手空空离开世界的。人两手空空来到世界，必将两手空空离开世界，带不走任何的身外之物。我要让人们看到，亚历山大大帝活着的时候似乎很荣光，但他死的时候却是一个全然的失败者！我要让人们记住我的教训，莫让宝贵的生命消失得太快。"

每个人活在世界上的方式各有不同，但死的方式却都一样，空空来，空空去，莫像亚历山大大帝，直到临死的时候才醒悟到什么，那已经太晚了……

·004·
一个人也可以守住人生

人很容易被各种因素所左右，被环境所影响。特别是在当今物欲横流的时代，人更容易受到诱惑，这时，我们要学会坚守，就算无人为我们喝彩，我们也要坚守住自己的人生。

生活在喧嚣浮躁的当今时代，我们更应该学会"坚守底线"，不为丑陋世俗所左右，不为陈芝麻烂谷子的琐事所纠缠，如莲花不染淤泥，如青竹亮节高风，坚守住底线，纵使在漫漫长路一个人走，你也不会寂寞孤独；纵使在风起云涌的人潮人海中，你也不会迷失自我稳坐磐石。

坚持就是要顶得住，不要动摇，不要风一来自己就被吹倒了，失去了自己独立的个性和品格，失去了自己的思考。坚持和坚守不是暂时的事情，是长期的，甚至是一生的坚持、一生的坚守。

坚守自己心灵的阵地，孤独与寂寞是不可回避的；坚持和坚守就要耐得住寂寞，忍受得了孤独，不经历孤独和寂寞的磨炼是无法坚守自己心灵阵地的。很多的时候就是自己一个人在坚持，一个人在坚守，没有人陪伴你，就是孤独和寂寞陪伴自己。我们的坚持和坚守就是在孤独和寂寞煎熬之中度过的，需要一天一天地坚持，需要时时刻刻地坚守，一点儿都不能放松对自己的要求。

1960 年，美国一个跟踪调查商学院毕业生毕业后状况的组织开始了一项为期 20 年的调查，试图找到下面这个问题的答案：理想和财富之间的关系是什么？追求理想的人真的不容易得到财富的青睐吗？

研究人员首先对 1500 名商学院学生进行了细致的问卷调查，并根据问卷结果把这些人分为两类，其中倾向于追求财富、为财富而读书的人占大多数（1245 人，83%），倾向于追求理想、为理想而读书的人所占比例较小（255 人，17%）。

20 年后，研究人员对当年这 1500 名被调查者进行了回访。结果，研究人员发现，1500 名被调查者中有 101 人成为百万富翁，而在这 101 人中，竟有 100 人是当年选择追求理想的人。

这个结果是发人深思的。我相信，理想主义在这些人中发挥了巨大的作用。学习总是很辛苦的，工作也常常是枯燥的。但深藏于个人心灵深处的理想主义，会成为精神的源泉，在现实的纷扰中，不但可以泰然处之，而且当面对挫折时，可以帮助你找到自己，重新出发。

欣赏自己并不是傲视一切的孤芳自赏，也不是唯我独尊的狂妄自大。因为它不需要大动干戈的勇气，也不需要改头换面的毅力，它只属于一种醒悟、一种境地、一种面对困难时给了自己信心的源泉、一种推动自己向挫折挑战的动力。

人生自古多磨难。但是，只要你学会欣赏自己，你就会觉得幸福其实是那么平常，它只是小花落在水面上荡起的微微涟漪；而吃苦也并非那么可怕，它只是波涛拍打礁石而泛起的点点水花。

清代著名作家蒲松龄出生于一个书香世家，受当时社会风气和家庭影响，他从小就开始追求功名，并在19岁时接连考取县、府、道试三个第一。名震一时，但此后却屡试不第，此后他的命运便飞转直下，一天天地衰败起来。

蒲松龄后来穷愁潦倒的生活，使他对科举制度的腐朽，封建仕途的黑暗有深刻的认识和体会。他曾不住地抱怨："仕途黑暗，公道不彰，令人气愤填膺。"他不断地抨击"原无皂白"的"强梁世界"，正反映他对现实社会的强烈不满。正是通过对现实生活的切身体验，使他决心写一部反映科举黑暗现实的小说。

为了激励自己完成这部小说，蒲松龄写了一副对联：有志者，事竟成，破釜沉舟，百二秦关终属楚；苦心人，天不负，卧薪尝胆，三千越甲可吞吴。由于他心中的这份坚定信念，即使在他穷困得揭不开锅的日子里，他也仍然坚持写作《聊斋志异》，初稿终于在他40岁时完成，以后多次增删修改，直到晚年最终完成了这部传世之作。

一个人想要被别人欣赏，首先应该学会欣赏自己。每个人在这世上都是独一无二的，这个独特的"我"既有优点，也有不足。一个人只有充分地自我接纳，懂得欣赏自己，才能有良好的自我感觉，才能自信地与人交往，出色地发挥自己的才能和潜力。

曼恩作为佛得角雷斯伊翰湾的守塔人，在这个偏僻的孤岛上已生活了将近40年。当他还是二十多岁的小伙子时，就随他捕鱼的伯父来到了这座孤岛。

曼恩和伯父白天捕鱼，晚上点起篝火，从此，辽阔的大西洋岸边多了一座灯塔。曼恩已记不清楚他和伯父在暴雨的夜里或是在飓风季节里救起了多少人。那些被救起的人偶尔路过孤岛，总不忘给曼恩叔侄俩捎上点什么，但每次都被他们拒绝。叔侄俩在雷斯伊翰湾不知不觉过了 20 年。现在的雷斯伊翰湾少了一个人，多了一座坟墓，在曼恩看来，伯父仍陪伴着他。曼恩依旧白天捕鱼，晚上守候在伯父一生中唯一接受的一台风力发电机旁。雷斯伊翰湾的灯塔不再用篝火了。

10 月的雷斯伊翰湾气候格外异常，他整夜几乎都醒着。他知道，每年的海难事故频发季节已经来临。他的小屋外惊涛骇浪疯狂地拍打着，他一遍遍检查，给风力发电机的轴承还加了润滑油。此时的小岛像要摇动起来似的。他从小屋里走出，像伯父一样敏锐地眺望大海。海面上黑压压一片，浪头拍打着礁石，发出一声声巨响。突然，他发现远处的海面上有一点亮光，只有萤火虫的光亮那样大。他立刻意识到什么，迅速爬上灯塔，将灯塔里的灯又垫高了很多，并在废弃的火坑里重又点燃了篝火。远处的亮点越来越大，渐渐驶向了曼恩居住的孤岛，等亮点到近处时，曼恩才发现灯火是从一艘挪威籍的货轮上发出的。

天亮了，船长约翰带领船员在雷斯伊翰湾作短暂的停留，并打算给岛上的工作人员送去几吨食品。可当船长走进岛上曼恩的屋子时，才发现曼恩的屋子还抵不上他船上的一个集装箱大。

"我要带你离开这里。"船长感激地对曼恩说。

"为什么？"曼恩问。

"不为什么，我至少能给你每月带来 2500 美元的薪金。"船长继续说。

"十年前，一位像你一样的船长曾答应给我每月 3000 美元的薪金。"曼恩平静地说。

临别的时刻，船长紧紧拥抱了曼恩。

守在偏僻的孤岛上，长年累月几乎看不见什么人，只有海浪做伴；而且一待就是近 40 年。40 年，1 万余个日日夜夜，他坚持了下来，而且工作一丝不苟。守塔人不仅点燃了灯塔上的火炬，而且点燃了自己内心的火炬，而他甘于寂寞的精神也是一座灯塔。

·005·
用内心的平静化解生活的琐碎

好的生活是内心平静的生活，高层次生活最明显的标志就是平静。如果我们想要过一种高层次的好的生活，首先要做的是保持内心的清明，使自己的内心时刻保持一份宁静。

内心平静的人，个性中往往透出一股坚韧的力量，相信未来，热爱生命。生活的安逸或艰辛，时代的辉煌或苦难，折射到平静的内心，就能褪去历史的烟云、命运的无奈，融入自己的理想和信念，彰显内心的执着与从容，幸福的花香伴随生命活力的迸发，洋溢在人生的大河里。

对许多人来讲，幸福好像是一种奢侈。在现代社会，生存的压力似乎将人们美好的憧憬和梦想碾得粉碎。我们似乎有很多理由放弃，并抱怨社会的阴暗与不公。我们常常因羡慕他人的财富而焦虑，又在焦虑中埋怨自己的生活。失去了内心的平静，人性的弱点随着日益浮躁的心态而放大，害怕寂寞和孤独，害怕坚持下去得不到结果。功利的幸福标准，患得患失的心态，让我们难以感受到幸福。

内心的平静，本是人的本性。淡泊明志，宁静致远，饱满活泼的精神世界有助于抑制物欲和浮躁。幸福只能在内心找到。自由是生命中唯一值得追求的目标。对那些我们无法控制的事情不予理睬，才能获得自由。如果我们的头脑充满了可悲的恐惧与野心，就不可能拥有一颗轻松自在的心。

你希望自己不可战胜吗？那就千万不要与你无法控制之事抗争。你的幸福取决于三个方面，而它们都是你力所能及的：你的愿望、你对与自己有关之事的想法，以及利用你的想法并使之发挥作用。

真正的幸福总是与外部境况无关，你的幸福只能在内心找到。

雄辩的口才、崇高的荣誉、丰厚的财产、昂贵的服装或优雅的举止，我们是多么容易被这些东西迷惑与欺骗！千万不要错误地认为，那些名人、公众人物、政治领袖、有钱人，或那些极有聪明才智和艺术天赋的人肯定是幸福的。这样想你就会为表象所迷惑，从而对自己产生怀疑。

好的东西，究其实质，只会在你能控制的事物之中找到。如果你把这一点谨记在心，就不会再有那些虚幻的嫉妒或悲惨的感觉，也不会可怜巴巴地拿自己及自己的成就去和别人比较了。

一只青蛙拥有一口井，高兴时它会跳进水中，水托着它的双腮。钻进水里，泥巴便按摩它的脚。晚上跳上来，安静地坐在井边观看月亮。早上便到井外，悠闲地在草地上四处散步。

平时它很喜欢到井里观看小蝌蚪、小螃蟹在水中嬉戏，并跟它们聊天。但由于经常被讥笑是井底之蛙，它并不快乐。

一天，它遇到千年的乌龟，乌龟告诉它东海有多大，鱼儿是如何快乐地畅游。青蛙决定离开它的一口井，前往东海。它经过平原，越过深沟，攀过高山，经过沼泽，带刺的荆棘刺伤它的身体，锋利的石块刮伤它的手掌，炙热的阳光灼伤它的皮肤，饥饿时要吃草根充饥，日晒、雨淋，春夏秋冬，终于到了东海。

它雀跃地跳进大海中，海水的盐分弄伤了它。鱼儿告诉青蛙，你不能生活在大海里，应该去湖泊。

青蛙带着沮丧的心情继续旅行。攀过石头，越过沙漠，炎热的空气让它干枯，干燥的空气让它窒息，它继续吃草根为生。

经过一条条河流，终于到了西湖。它雀跃地跳进湖中，不断地前游、前游，直到疲惫不堪，它想找个地方歇息，但湖中没有一根芦苇，四周看不到边。它疲惫又沮丧，这时，它又遇到乌龟。

青蛙惊讶地问乌龟为什么不在东海。乌龟说东海虽大，却不适合它，西湖虽小，却乐在其中。

青蛙仿佛明白了，游回岸上，继续前行。经过一段日子，青蛙终于回到它的井边，它雀跃地跳进去，满足地坐在井边观望蔚蓝的天空。

没有人可以选择出生，我们只能选择自己想要的生活。保持一颗平静的内心，就能清楚地了解自己的性格、爱好和处境，进而选择合适目标和道路，而不会被虚妄的念头或潮流所裹挟。没有一帆风顺的人生。理想和目标愈是远大，需要付出的努力愈是艰辛。没有平静的内心，缺乏源自内心的力量，梦想永远只能是梦想。

因此，若想拥有幸福，必须拥有这种平静的力量。它能让人认识自己，顺从本性，释放出强大的生命力，以抵抗琐碎的生活、平庸的社会对理想和斗志的侵蚀。

·006·
用减法过一种简约的生活

有人问大师罗丹雕塑的秘诀，答曰："减去多余部分。"人生亦然。学会一种人生的"减法"，过一种简约的生活，生命将会更加轻松。

现在很多人喊累。为什么累？负担太重。很多人将财富、地位、名誉和美色与人生牢牢地捆绑在一起，把是否拥有这些看成是衡量人生是否成功的唯一标尺。一旦房间里的东西太多、太乱，就非常会使人感到压抑，心情不舒服。人的心房不也正是这样吗？房间里杂七杂八的东西多了，就需要清理，该整理的整理，该搬的搬，该扔的扔，人的心房难道说不是这样吗？

30岁之前，人在不断地做加法，即不断从这个社会积累自己的财富、情感、经历、知识……而到了40岁，人就要学会做减法，学会舍弃一切负累、添堵于心的东西，如名、利、权……

一位踌躇满志的老板，在事业上发达了，建了别墅也买了车。他的公司年纯赢利上百万，可是他对员工却非常小气，连自己也是非常节俭。为了省钱，他不坐飞机，坐火车，吃的是方便面，住的是小旅馆。一次办事回来，路上翻了车，他负重伤进了医院，却幸运地保住了自己的两条腿。

经历这次劫难后，老板前后判若两人，人变得温和谦恭，对员工态度也有了改变，一改往日的凶横。

有人便问他其中的原因，他直言不讳地说："以前，我都是用加法来衡量人生，人活着要日积月累地发展，要像滚雪球一般地攒钱。自出事以后，我发觉人生适宜于减法，假如我上次被轧死，那一切也就都不复存在；如果上帝要去我的两条腿，人生也就会少去很多意义。所以我明白不要把人生的目标定得太高，比起健康地活着，一切都显得微不足道。"

忘记，在有些时候比记住更为重要。和朋友不和，发生一点小摩擦，是常有的事，更不值得烦闷生气。与同事相处要懂得相互谦让，不要为一些小事耿耿于怀，放不下，你争我吵的，这样会活得很累，生活过得不轻松也不舒畅。

生活就好比是运动场上的一个赛场，我们每个人都是赛手，面对着不同的竞争对手，有失败，也有成功。我们不应该为昨天的失败而感到闷闷不乐，愁眉苦脸。不要被别人的失败而把自己给吓倒了，我们要懂得忘记，忘记自己曾经的失败，忘记别人的藐视，忘记别人那张嘲笑你的脸，做到这样你才能够过得从容而自信。

不会忘记也就不会记住。生活需要记住，记住经验，记住关怀，记住友谊，记住爱情……但生活也需要忘记。忘记人生的坎坷，可以扫除烦恼，忘记人生的辉煌，这样就可以保证进击的姿态；忘记个人的恩与怨，从而获得一种平和的心态与友好的人际关系。

忘记，从某种程度上来说，就是对自己的一种宽容。忘记，给心灵松绑。只有学会忘记，生活才会更加灿烂。心如净土，心平气和，坦然对待，面对现实中的生活，要愉快地过好每一天。

有一个人觉得生活很沉重，便去见哲人，寻求解脱之法。哲人给他一只篓子背在背上，指着一条沙砾路说，"你每走一步就捡一块石头放进去！"

那人照哲人的话做了，哲人便到路的另一端等他。

再见面时哲人问："有什么感觉？"那人说："越来越觉得沉重。"哲人说："这也是你为什么感觉生活越来越累的道理。当我们来到这个世界上，每个人都背着一只空篓子，我们每走一步都要从世界上捡一样东西放进去，而不知剔除那些累赘无用的东西，那么，就难免会产生越走越累的感觉，甚至有的还会被累死、被拖垮。"

人生如酿酒，"减"去无味的水，量虽小了，味反而醇厚了。人生的减法哲学，就是减去疲惫，减去烦恼，减弱沉重，减少不该早生的华发，减去心灵上的沉重负担，减去一些奢侈的欲望，减去没价值的身外之物，热闹的生命里有许多不堪承受的东西。作为万物之灵的人，应该宁愿不要车子票子房子，仅要一份平安；宁愿不要灯红酒绿，轻歌曼舞，仅要一份恩爱。减少了一次奢靡淫逸，就增加了一份灵魂的纯净与人生的安静；减少了一次诽谤嫉妒，就增加了一份人际的空间和道德的高度；减少了一次应酬周旋，就增加了一份家人的亲情与生活的从容；减少了一次献媚邀宠，就增加了一份人格的尊严与心灵的轻松。

其实，准确地看一个人，要看他做了什么，更要看他不做了些什么。做的那些事，当事人可能是心甘情愿的，可能是三心二意的，也有可能是被动应付的，而不做的那些事，一定是他不想做的、不能做的、不敢做的。

在人生的选择题面前，我们都应该学会做减法，剔除那些不适合我们的一切！年少时，我们精力不济、能力不足、智力不逮，我们会自觉舍弃、删除那些心有余而力不能及的目标，事业有成时做减法，更考验一个人的悟性、耐心和定力。古代的养生方式就是，少思、少念、少欲、少事、少语、少笑、少愁、少乐、少喜、少怒、少好、少恶。其实，做减法，也是在做加法，减去了那些不切实的、不恰当的人生计划，必定还我们一个更加充实、更为和谐、更有尊严的人生！

庄子将生活中的减法运用得淋漓尽致。减去了对名利的欲望，庄子能钻入水中，与鱼同乐，探知鱼儿相戏的愉悦；减去了对心灵的束缚，庄子能化成蝴蝶，翩然起舞，在花丛中任意飞舞，于天地间作一番逍遥游。也正因为舍弃了功名利禄，陶潜才拥有了"榆柳荫后檐，桃李罗堂前"的田园生活，才拥有了"策扶老以流憩，时矫首而遐观"的坦然。正因为摒弃了被贬谪而带来的痛苦，东坡才有了"竹杖芒鞋轻胜马"的轻松，才有"一蓑烟雨任平生"的豪情，才有那"也无风雨也无情"的淡定。

·007·
把复杂的情况简单化

简单是一种心境。人生之旅，有山有水，有风有雨，人走在山水风雨中，只有学会舍弃，保持简单的心境，才能生活得踏实、轻松、安详、幸福。

在日常生活中，我们常常可以看到生活态度迥然不同的两种人，一种人是每天风风火火，又忙家务，又忙孩子，又应付工作，又应酬于亲朋好友之间的交际，又惦记着股市行情，又盘算寻找一份第二职业，又关注着分房动向和职称评定，等等。总之，他们是行踪不定，难得清静，一副大忙人的形象。实则忙乱不堪，制造噪音，不自觉地干扰他人平静的生活。他们的办事效率是否高，生活得是否充实姑且不论，不过，客观地讲，活得好累，想必是他们想否认也否认不了的人生感受。

而另一种人，则与之截然相反。他们不但把家务和孩子料理的十分周到，井井有条，而且工作干得有条不紊，人际关系正常和谐。他们也不是不关心职称、住房什么的，甚至也可能与股票、第二职业之类的东西有关系，但是，他们却以高效的工作成绩、平和的人际关系和高超的生活艺术等，他们赢得了领导和同志们的称赞，并给人一种特别有条理、特别自信、特别轻松愉悦的感觉，其自身的内心感受，想必也大概如此吧。

当然，善于把复杂的问题搞简单是一种本事，按照现代人加快生活节奏的要求，减轻人的心理压力、提高人生效率来讲，简化生活应该算作一种技高一筹的生活艺术，并值得倡扬。

人的能力和精力都是有限的，执意要迷醉于人生，把人生的一切乐趣享受尽，将人生的所有美景贪图够，那怎么可能？力量过于分散，肯定大事难成。况且，有时自己主观地将某些事情复杂化，有时为了获得某种好处，不得不伪装自己，并处心积虑地算计着。如此枷锁在身，焉能不苦不累？

有的人，他们或是不甚清楚自己为谁活着、怎么活着，于是无聊、迷惘，今天不想明天，明天不回首昨天，生活失去了目标；或者生活总不得要领，找不到属于自己的位置，有时乱串角色，四处流浪，有时自行设计角色，结果迷失了自我。这些，都不是真正科学的生活。人是不可以过分贪婪的。事实上，世界上一些真正意义上的富豪，对"简单"也似乎情有独钟，人们很难从其穿着上发现其富有，有的只是"简单"。要知道，"简单"丝毫掩盖不了也销蚀不了他们富有的财产。当然，简单的生活，不是强调人生无为，不思进取。生活中，要争取你该争取的，追求你应追求的，做到取舍有度。

"取"是一种本事，"舍"是一门哲学。没有能力的人取不足；没有通悟的人舍不得。只有先取，才有后舍。取多了之后，常得舍弃，才能再取。所以，"取"、"舍"虽是反义，却也是一个事物的两个方面。

人生之初时，只知取。除了取得生命，还要取得食物，以求生存；取得知识，增长才干。长大之后，则要有取有舍，或取熊掌而舍鱼，或取利禄而舍悠闲。人生之路漫长，有坦途，也有崎岖之处和激流险滩。当走到崎岖之处和险滩的时候，仿佛登山履危、行舟遇险，此时则更要懂得舍，如果不懂得舍"物"，那只有舍"命"了。

人当取其所必需，取其所当有，取其所该有，而舍其不能有，舍其不当有，舍其不必有。这样，生命才会在"顺当"中度过。

舍弃贪欲，可以轻装前进；舍弃贪欲，可以摆脱烦恼、摆脱纠缠，使整个身心沉浸到轻松、悠闲的宁静中去，去做自己要做的事，去做自己该做的事。舍弃该舍的贪欲，这样，会改善你的气质，会使你显得豁达豪爽，会使你赢得众人的信任，更会使你变得精明、理智。

舍弃失意带来的痛楚，舍弃屈辱留下的仇恨，舍弃心中所有难言的负荷，舍弃耗费精力的争吵，舍弃没完没了的解释，舍弃对权力的角逐，舍弃对金钱的贪欲，舍弃对虚名的争夺……回归简单、快乐，过一种简单的生活。

圣路易斯州的雪莉·米歇尔斯在某一天早晨突然发现自己起得越来越早，睡得越来越晚，却仅能满足日常的生活需求。无论是作为一名妻子、一位母亲，还是眼科技师她都已尽了职责，但她却没有时间做最重要的事情。

她和她的丈夫维克，一名律师，开始想办法简化他们的生活。雪莉说："我们得决定什么是生活中真正重要的。"他们知道自己想拥有更多的时间和 3 岁的儿子瑞安在一起，做做游戏和运动，让他吃好，以培养他们之间的感情。

因此这对夫妻选择了一种更简单的生活方式，只买生活的必需品，从事一些花钱不多的消遣，诸如阅读、烹调、逛公园。雪莉辞掉了原来的工作，开始做半天工作，比如说为私人购物、付款、组织聚会、做国际互联网研究方面的事情——做客户所要求做的一切。她在她的商业名片上印上"听候您的吩咐——给你自己留点时间。"

她说："我仍然在努力工作，但现在能够自己控制时间却使一切变得大不一样了。我能抽出一些时间领儿子去动物园或和他一起玩玩篮球。我因压力而造成的头痛消失了。有机会去了解邻居，不仅给生活带来了乐趣，而且还有助于使我的生活变得更加简单化。"

活得简单，绝不是减少生活的内容，降低生活的质量，取消人们应有的欲望，而是要活得光明磊落，轻松自如。它要求你生活得简单些，不可人为地制造复杂；它要求你生活方向明确，内容明了，不可漫无目的，毫无章法地乱忙一气，毫无成效或成效甚微；它要求你清醒地认识到人生最本质的、最重要的东西，并将其紧紧地握在手中。只有这样，才能使生活变得简单、明了而又能抓住要领，才算掌握了生活真谛和艺术，才会切断浮躁虚伪和贪图私利的神经，把脚步坚实地踏在生活的正轨上，谱写出一曲不平凡的人生乐章。

第七章 对得失的计较：

清空它，遇事便能从容不迫

人生就像是一条长长的路。生命的征途，不断地有人加入，有人退出。看见的，看不见了；得到的，失去了。人生自是一段一段的，过了这段，要再寻前事，已是万万不能。功业的得失与成败只不过是身外之事，要看得开，在得失随缘中修炼自我。

·001·
放下，就是一种获得

得与失只不过存在于人的一念之间，聪明的人要学会放空自己的心灵，用一颗坦然的心来面对人生的得和失。

人生历程充满了变数，一些你已经得到的不见得永远都是你的，所以就要学会用淡泊的心态去看待事物，而那需淡泊看待的事物也许就是你该放下的部分。放下是一种睿智的表现，绝对不是一种随意舍弃的态度，放下提倡的就是一切随缘，一切莫强求，它不仅可以带给你幸福的生活，还会为你的人生增光添彩。

放下，是一种心态的选择。放下，是一门心灵的学问。放下，是一种生活的智慧。放下压力，获得轻松；放下烦恼，获得快乐；放下自卑，获得自信；放下懒惰，获得充实；放下消极，获得进取；放下抱怨，获得舒坦；放下犹豫，获得潇洒；放下狭隘，获得自在……人生在世，有些事情或东西是根本没必要让它存在的。只有懂得该放下时就放下，你才能够腾出手来，抓住真正属于你的快乐和幸福。

古人云："君子坦荡荡，小人长戚戚。"君子行事光明磊落，干大事者不拘小节，一事当前，敢于担当，事后则彻底"放下"；与之相反，"小人"

则往往执着于私利，患得患失，拘泥成规，畏首畏尾，既"拿"不起，也"放"不下。面对人世纷杂，尘事庶务，名利地位，私心杂念，声色犬马……该放下的就得放下，把什么都抓在手里，其实也是种累赘。古往今来，不少功成名就之人，或捐资济世，或甘于淡泊，出入于世，勇于并舍得"放下"。其实他们在放下的同时，已经获得了意外的幸福，这种幸福虽然是无形的，但却是隽永的、更高层次的。它使人格得以提升，使人性趋于完美。

人为什么有诸般愁苦？其根本原因就是因为人们放不下，自寻烦恼所致。就如有时候会无劳地做一些事，本知道那是无益的，却还是很笨拙地去做。又如生活富裕了，但压力越来越大；收入增加了，但快乐却越来越少，愁苦随着压力的增长而增长……为何人们不放下？为何人们放不下呢？其实有些时候，我们得有一种豁达的、能放下的心态。因为有些事是根本不值得我们惦记的。人生为何感觉苦？问题就在于你还没有学会放下。

在一个课程上，讲师对学生做了一个示范，提出了一个问题。他举起手中的玻璃杯，问台下听众："你们估量一下玻璃杯内的水有多重？"

学生议论纷纷，答案不一，范围由 20 克到 500 克不等。

讲师说："那些水的实质重量并不重要，重要的是你拿着水杯的时间。"

"如果拿着一分钟，ＯＫ，一点感觉也没有。"

"如果拿着一小时，手臂会疼痛。"

"如果拿着一整日，可能要电召救护车处理。"

"就算重量不变，拿在手中的时间越长，手中对象的重量就愈重。"

步入正题，他要大家做一些联想。其实，人的情绪和玻璃杯里的水差不多。

如果时常背着很多重担，重担的重量不变，担子也会变得愈来愈重，最后重到负担不起来。要减压就应放下玻璃杯休息一下，然后再拿起。长时间来说，最好可以定期把担子放下，好等自己缓一缓气，又可再背起担子。一个人下班回家，最好迅速放下各种担子。千万不要带着重担踏入家门，你可以明天再背起担子上班。

其实，失败也可用这个方法处理。只要它一出现，就要马上处理。它在脑海中积存时间愈长，对人对己的伤害愈大。只要像放下担子缓气一样，经常处理就会健康快乐一些。放下，自然会更自在。

人生在世，要想生存，就必须要学会放下，放下那些看似最有利可图却不能令人再进步的东西，必须鼓起勇气，不断放下，才能攀登人生的另一高峰。正如为了熊掌，我们可以放下鱼；为了事业的成功，我们可以放下消遣娱乐；为了纯真的爱情，我们可以放下金钱；为了崇高的真理，我们可以放下利禄乃至生命……要想有所成就，就要懂得保留生命中最有价值、最必要、最纯粹的部分，放下不必要的牵挂与累赘，轻装上阵。

法国哲学家伏尔泰说过："使人疲惫的不是远方的高山，而是鞋里的一粒沙子。"在人生的道路上，要想迈步远行，就必须学会随时倒出"鞋里"的那粒"沙子"。对人生而言，这小小的"沙粒"就是需要我们放下的东西。什么也不愿放下的人，往往会失去更珍贵的东西。而放下之后，你就会看到天空的蔚蓝，感受到阳光的温暖；你就会闻到芳草的清香，听到动人的音乐……而当你决定放下的那一刻，也许你就找回了自己，更找回了快乐。

放下不是放弃，它是一种人生哲学，是洒脱，是积极的人生态度，更是一种生活智慧。学会放下，也就学会了解脱，这将有助于我们在人生前行的路上坦然面对，成为更大的赢家。

很多人都知道要学会放下，却不知放下真的很不容易。知易行难。我们都知道要活在当下，但现实生活中，我们总是会活在过去或者活在将来。但快乐的人生必须要求我们学会"放下"，因为不会放下，就不会承担，不会放下，就难有现在，就会失去当下和未来。过去的东西就会成为现在和未来的绊脚石。

要想放下就要先学会"允许"。允许过去个人的错误和他人的错误。反观过去，我们总是存在悔恨的事情，殊不知，在当时，我们已经做了最好的选择，过去那个"当下"，我们是没有错误的，你现在认为当时不该那么做，那是因为你站在现在的角度和情况来看待过去的经历，而在当时那刻，我们做的一定是最佳选择，所以我们没错。"允许"就是包容，包容自己，也包容他人。允许后，才能让自己释怀，而不是耿耿于怀，我们才能做到真正的放下。放下，才能有快乐的人生，才能给别人带去快乐。

· 002 ·
平常心：拥有和失去同等重要

生命中的"拥有"是很平常的，而"失去"也是正常的。如果你紧紧抓住"失去"不放，就永远也不会得到。放下失败，抓住成功，就可以让生命重放光彩。而这一切，需要你有一颗淡泊名利得失、笑看输赢成败的平常心。

在忙忙碌碌的现实生活中，人们时常被名利所扰、被输赢所困、被怒气所伤，假如能用平常心看待人生中的起落，不因为一次的得失而否定彩虹的存在，就可以笑看得失成败，享受平安快乐的人生。人生的路上不可能永远顺利，总会有高有低，有时候，失去也未必是坏事。没有昨天的失，也许未必有今天的得。条条大路通罗马，此路不通，拐个弯，也许柳暗花明又一村。做人要懂得变通，懂得如何"灵活走位"，每做一件事，只要尽了力，结果纵然不尽如人意，也毋须怨天尤人，人生最重要的是无怨无悔，别把成败得失看得太重。此处不留人，自有留人处，成功的路不止一条。

有人时常觉得自己不开心，原因就在于他们很少想到自己已经拥有的，总是想着自身没有的。轻视乃至忽视自己拥有的，抱怨自己所没有的，当然就无法快乐起来。人的一生总会遇到各种各样的不幸，但快乐的人却不会将这些装在心里，他们没有忧虑。快乐是什么？快乐就是满意自己已经拥有的一切。一个笑看得失的人，总是深信自己能实现梦想，真正的成功者只在自己的成功中追求卓越，而不把成功建筑在别人的失意上。能够笑看输赢的人，总是非常乐意去帮助他人，不求名、不求利、不求回报。他知道从内心里献出去的东西，依旧会从内心里产生出来，他就像自己的一家能源工厂，生产力很高，永远能提供给自己最大的能量。他会以一颗宁静心品味生活，以一颗平常心对待得失，以一颗感恩心笑看成败，以一颗顽强心直面挫折。过去不代表现在，现在也不代表未来。凡事千万莫强求，淡泊名利度时光，无求无欲无忧愁。

平常心是一种心境，是我们在日常生活中处理周围事情的一种心态。是经过多年磨炼和一定修养后才可具有的。"不以物喜，不以己悲"，坦然地面对各种成败、得失、荣辱、生死。淡泊以明志，宁静以致远，用宽容、平和的心态看待社会的形形色色，不被名和利左右，从容、平静、安详的对待各种事物，用平常心看不平常事，事事平常，要真正拥有一颗平常心却是一件不平常的事。

得意时淡然，失意时坦然，用平常心看待得与失，在春风得意时，淡然相待，正视自己，不为别人的几句赞美之词就飘飘欲仙，忘乎所以。在遇到挫折时，坚强面对，树立斗志，坦然处之，不为他人的冷眼而一落千丈，斗志消失殆尽。

平常心就是享受生活中的平凡和简单。生活的大部分时间都是在平淡无味中度过，能够安然地享受这份平淡也不是件容易的事情。在平淡中寻找乐趣，在平淡中追求志向，不要让平淡淹没你的兴致，不要让平淡消磨掉你的意志。无事别找事，有事别怕事，一天二十四小时，今日如昨日，明日如今日，每天重复着同样的生活，难免枯燥，这时不要节外生枝、吹毛求疵、无事生非。当真遇到棘手的问题时，不急不躁，冷静、客观面对，不怨天尤人，从容应对，妥善、圆满地去解决。

宠辱不惊，看庭前花开花落；去留无意，看天空云卷云舒。对人、对事、对物、对情都用平常心去看待，宁静的享受多彩生活，以一种平常恬静的心态去品味与珍惜生活中的酸甜苦辣，去看透并超越人世间的生死、得失、荣辱、成败，积极进取，快乐一生。

面对人世间名利的得失，是以平常心淡然处之，还是梦回无数、念念不忘地纠缠不放，这两种选择，是对一个人思想境界高低的检验。人世间真正拥有大智慧的人心淡如水，遇危难不惧，得誉不惊，受辱不馁，不以物喜，不以己悲。能以平常心面对人世间的名利得失与生命中的潮起潮落，那种超然的气度与风骨是一般人望尘莫及的。平常心是一种崇高的精神境界，它是一种恬淡洒脱、气定神闲的心态。

德国的尤利乌斯先生是一个画家，而且是一个很不错的画家。他的画中都是快乐的世界，因为他自己就是一个非常快乐的人。不过却很少有人来买他的画，这使他想起来有点伤感，但那也只是一小会儿。有一天，他的朋友劝他说："玩玩足球彩票吧！只花两个马克就可以赢很多钱！"性格随和的尤利乌斯听后就花了两个马克买了一张彩票，并且真的中了彩，他因此赚了50万马克。

他的朋友前来祝贺，对他说："你多走运啊！现在你还经常画画吗？"尤利乌斯笑着回答说："我现在只画支票上的数字！"尤利乌斯买了一栋别墅并做了一番装修，他很有品位，买了阿富汗地毯、维也纳柜橱、佛罗伦斯小桌、迈森瓷器以及古老的威尼斯吊灯来装饰这栋别墅。装修完毕之后，他很满足地坐下来，点燃一支香烟静静地享受着新居的美妙。忽然他想到应该去看看朋友了，就把烟往地上一扔，马上出门了。燃烧着的香烟躺在地上，点燃了华丽的阿富汗地毯……

一个小时以后别墅变成了火的海洋，真到完全消失在灰烬中。朋友们很快知道了这个消息，纷纷跑来安慰尤利乌斯。"尤利乌斯，真是不幸啊！"不料尤利乌斯反问他们说："怎么不幸了？""大火造成的损失啊！尤利乌斯，你现在什么都没有了。"尤利乌斯笑着回答说："什么呀？不过是损失了两个马克而已。"

面对物质世界的名利得失，若能拥有宠辱不惊的胸怀，若能以平常心淡然处之，这人世间的确再也没有可以让人畏惧的因素了。为名所累、为利所缚、为欲所惑都是庸俗之人所为，常怀感恩之心、常存知足之念，以平常心面对名利得失，是排除烦恼与恐惧的制胜法宝。平常心是红尘人世中难以看破的大智慧，它是历经繁华之后的淡泊超脱，是一种良好的人生态度。中国的道家始祖老子曾说过"祸兮福之所依，福兮祸之所伏"，有些事看起来是坏事，但事情的进展和变化却出乎人的意料竟成了好事。而有些明明是好事却反而变化成了坏事。人生如此，自然界的万物也是如此，看透了这层道理就不必执着于人世间的得失。

· 003 ·
建立精神的富足

对名和利看得淡，不用外物来夸耀粉饰自己，保持内心的宁静，思路和眼光才能放得更远。

人生的烦恼来自于非分的欲望，种种诱惑使你心中的明月蒙尘。淡泊名利，宁静致远，既不抱怨贫贱又不仇视富贵。而对世俗，不随波逐流；面对权贵，如雪峰坚守自己的高洁，这是勇敢，也是骨气，一切出自本心。欲望使你心力交瘁，难以安宁。精彩和无奈、阳光与黑暗永远是一对双胞胎。只有旷达、宁静、淡泊地对待，才能给心灵一丝慰藉。努力让自己保持一种超然清静的心境。在那些云卷云舒、风清云淡宁静的日子，能有一片温馨淡泊的心境会是多么不易。

贞观元年（627），唐太宗任命房玄龄为中书令。这一年的九月，唐太宗对朝中官员论功行赏。结果，房玄龄、杜如晦、长孙无忌、尉迟敬德、侯君集功名列第一，得到了重赏。

封赏完了以后，唐太宗说："今天论功行赏，大家有什么意见尽管讲出来。"

淮安王李神通说："陛下，臣带兵打仗，舍生忘死，而房玄龄、杜如晦等人只是端坐朝中，舞文弄墨而已，功劳却排在最前面，臣心里不服。"

唐太宗说："你们是有功劳，但房玄龄运筹帷幄，把握全局，你们只是具体执行而已，所以他功劳最大，当然应该排在第一。"

淮安王李神通惭愧而退，其他大臣也无话可说。

房玄龄为人非常谦虚谨慎，对于论功行赏的事深感不安，便对唐太宗说："陛下将臣排第一，臣心里很不安。"

唐太宗回答说："从前汉高祖封赏大臣，萧何在最前面，你就像是朕的萧何，功列第一，理所应当。王者公正无私，才能得人心。朕和大臣们每天吃的穿的，都来自于百姓，所以设官定职，也是为了百姓。国家理应重用、优待贤能的人，让他们更好地为国出力，也使全国上下形成见贤思齐的良好风尚。今天就是依照这样的一个原则，而不是根据某个人的喜好。你当之无愧，就不要再多说了。"

不久，房玄龄又升为尚书左仆射、监修国史，加封为魏国公。

房玄龄虽身居相位，名贯天下，却从不居功自傲，更不贪权图利。唐太宗曾经召集大臣，讨论世袭之事，封房玄龄为宋州刺史和梁国公。唐太宗之所以要封房玄龄为宋州刺史，目的是为了让房玄龄的子弟世袭。但房玄龄觉着自己身为宰相，应为各位大臣做出榜样，不应贪图私利，便上奏唐太宗说："臣已经担任宰相，现在又封为宋州刺史，这样恐怕会使大臣们争相追逐名利，使朝政大乱。臣认为不妥，请陛下先罢免臣的刺史职位。"

唐太宗便依了房玄龄的奏折，只封他为梁国公。房玄龄辞掉了宋州刺史之后，朝中大臣纷纷仿效，辞去能世袭的官职。唐太宗十分感慨地说："上行下效，朝中大臣今天能有这样行动，都是玄龄的功劳！"

后来，房玄龄又加封为太子少师，当他初到东宫见皇太子时，皇太子要拜他。房玄龄慌忙躲避一旁，坚决不受。人们看到当朝宰相如此谦虚恭谨，不由得暗中称赞，都说他是亘古未有的贤相。

每个人的一生，不过是短短几十年，在这个过程中，我们要经历各种各样的事情，在这个人生的过程中，我们一直在追求的是什么呢？是名？是利？是金钱？是地位？都不是，多少腰缠万贯却终日郁郁的人，赚钱对于他，已经不是乐趣，而纯粹是一种习惯；手中权力在握，人前风光无限，人后却落落寡欢的人。他的权力，能为他带来人前的呼风唤雨，却带不来小人物的那种轻松自由的生活。所以，权与利，只会给我们带来一时的生活方便，一时的心理享受，但是，却不会给我们带来人生的幸福。

　　仔细地想想，我们一生都在努力的奋斗，我们到底在追求什么？其实，我们最终在追求的是"幸福"与"意义"这两个人生的终极关怀与需求。

　　我们拼命去挣钱，我们努力为自己争取一个更好的位置，以期得到更多人的尊重，所有的这些，不过是达到这两个人生目标的一种手段罢了。仔细想想，金钱与权力为我们提供的，也不过是生活的舒适与方便，它们会给我们带来被肯定的感觉，会让我们觉得人生的奋斗有意义，但是，它们不会带给我们最直接的幸福。

　　用淡泊名利的思想去对待金钱、名誉、地位的得失。也只有做到了淡泊名利，才能在繁纷复杂的环境中保持清醒的头脑，也有可能拥有事物的客观评价。在与人的交往中也不会做损人利己的事情，而是与人为善，始终保持一种谦虚、平和的心态。

·004·
打扫心灵，为成败预留位置

心灵的空间如果不时常打扫，就会落满尘埃，变得黯然无色；定时打扫自己的心灵，清空自己的心灵，心灵才有空间容得下成败得失。

对于世间的每一个人来说，功名、利禄、荣辱、爱恨、死亡、恐惧、成败、苦乐、祸福，等等，我们不能否认这些东西有留存于自己心中的时候，这往往也会成为自己内在的渴望，或超越自我的一种原动力，但是，人一旦执着于此，往往又会成为自己前进路上的一个沉重的包袱。

心灵的房间，不打扫就会落满灰尘，蒙尘的心，会变得灰色和迷茫。我们每天都要经历很多事情，开心的、不开心的，都在心里安家落户。心里的事情一多，就会变得杂乱无章，然后心也跟着乱起来。有些痛苦的情绪和不愉快的记忆，如果充斥在心里，就会使人萎靡不振。所以，扫地除尘，能够使黯然的心变得亮堂；把事情理清楚，才能告别烦乱；把一些无谓的担忧、痛苦扔掉，内心就有了更多更大的空间。

宋朝的吕蒙正被皇帝任命为副相，第一次上朝，突然人群里竟有人大声讥讽他说："哈哈哈，这种模样的人，也能入朝为相啊？"可吕蒙正却像没有听见一样，继续往前走，然而，跟随在他后边的几个官员却为他鸣起不平来，拉住他的衣角，非要帮他查查到底是谁竟然如此大胆，敢在朝堂上讥刺刚上任的宰相。吕蒙正推开众人，说："谢谢大家的好意。我为什么要知道是谁在说我呢？一旦知道了，一生都放不下，往后还怎么处事？"

放下自己多余的欲望和冲动，去掉心中之固执，才能在纷繁复杂的情势中廓清迷雾，认清前进的路径，才能以一种优游自在的心态涵泳于当下的要务，才能够使精神恬然自足而不至于患得患失，随波逐流。于是，个人的管理包括个人心性修养、日常生活、学习成长和职业生涯的管理，借由"放下"而得到优化和升华，人的生存境界随之获得提升。在这瞬息万变的社会中，世界上的一切都充满了成功的机遇，同时也充满了失败的可能。只有在每一次失败后都有所领悟、有所提高，失败才能够成为成功的垫脚石，人们才能够化消极为积极、从自卑过渡到自信、从失意走向如意。

一位战功赫赫的将军收藏了一只宝杯，时常把玩，爱不离手。一次不小心杯子从手里掉了下来，尽管将军身手敏捷接住了宝杯，但也惊出一身冷汗。将军惭愧，我于千军万马之中纵横决荡，将生死置之度外，未尝如此胆战心惊，乃因不惜身家性命故也。而今为杯子担惊受怕，无非太爱惜这只杯子罢了。于是他豁然明白，断然将杯子扔掉了。此后，将军不再为杯子担心了。

世人往往把所拥有的、所祈求的东西，视为"宝杯"，割舍不下，却对自身的真实存在和价值视而不见。若不能彻悟此番道理，除去心中执念，破除心头迷幻，便不能真正"放下"，因而无法自在，庸庸碌碌，沦为他人的奴隶。世间惨象，多因放不下。

失败是一种负面情绪，每个人在经历失败时都会产生失意、沮丧、自卑的心理。面对失败时，人们首先要提高心理承受能力，积极乐观地面对工作和生活中的每一个沟沟坎坎。

空杯心态，最直接的含义就是一个装满水的杯子很难接纳新东西，就是要将心里的"杯子"倒空，将自己所重视、在乎的很多东西以及曾经辉煌的过去从心态上彻底清空。只有将心清空了，才会有外在的松手，才能拥有更大的成功。空杯心态象征的意义是，做事的前提是先要有好心态。如果想学到更多学问，先要把自己想象成"一个空着的杯子"，而不是骄傲自满。

当你很成功的时候，要接纳自己似乎一点儿也不困难；但当你失败的时候，你还能接纳自己，看到自己的价值，那才是真英雄、真好汉。因此，失败的好处在于催生灵魂真正的智慧。不是下一次非成功不可的这类想法，而是一种更宽阔的智慧及更包容的爱。请大声地告诉自己，我天生就有一种来自宇宙、来自大地坚不可摧的价值，因此，我可以失败，也能真正接纳自己的失败。因为你能接纳自己、接纳自己的失败，所以你比"失败"更大，且永远不会被失败击倒。

有一个人坐在轮船的甲板上看报纸。突然一阵大风把他新买的帽子刮落大海中，只见他用手摸了一下头，看看正在飘落的帽子，又继续看起报纸来。

另一个人大惑不解："先生，你的帽子被刮入大海了！"

"知道了，谢谢！"他仍继续读报。

"可那帽子值几十美元呢！"

"是的，帽子丢了，我很心疼，可它还能回来吗？"说完那人又继续看起报纸来。

的确，失去的已经失去，何必为之大惊小怪或耿耿于怀呢？

一旦能接纳自己的失败，就是真正地成功了。关键在于"接纳"这两个字。遭遇了失败，以便能"成功"的自我接纳！多棒啊！多么伟大的灵魂啊！一旦能充满爱心地接纳自己的失败、错误及愚昧，也将会发自内心地接纳周围的人，自己的爱会愈来愈大、愈来愈真实、愈来愈有力量。

·005·
在得失的历练中学着坚忍

> 坚忍是构成性格的最重要的基石之一。一个坚忍的人，会永远含着微笑，从容迎接生命旅程上的风风雨雨。

一般来说，坚忍是特指那种对于看来难以抗拒的巨大困难所拥有的特殊心理承受能力。从空间上说，他对突如其来的重重一击从不失态；从时间上说，他能长久地经受困难的挤压，并击倒困难。他在风云变幻的严重时刻从不惊慌失措，他甚至对于困难有一种天生的嗜好，因为胜利的产生总是来自于与困难的抗争。

坚忍，绝不是苟且偷生，绝不是逆来顺受，而是一种积极的心态，是一种勇敢面对。坚忍，实际上就是一个力量蓄积的过程，是一个才能巩固的阶段。犹如平静的大海，下有暗流涌动；沉默的火山，内有岩浆蒸腾。一旦时机成熟，大海会掀起巨浪，火山会喷出熔岩。

司马迁的悲惨遭遇，使他备受煎熬。但当他痛定思痛之后，开始总结古人成功的经验："文王拘而演《周易》，仲尼厄而作《春秋》；屈原放逐，乃赋《离骚》；左丘失明，厥有《国语》；孙子膑脚，兵法修列；不韦迁蜀，世传《吕览》；韩非囚秦，《说难》、《孤愤》、《诗》三百篇，大抵贤圣发愤之所为作也。"

他能在羞辱中继续前行，能"穷天人之际，通古今之变，成一家之言"，著出令鲁迅先生感慨"史家之绝唱，无韵之离骚"的《史记》。

坚忍的人，往往是在平静中磨砺自己的意志，在无言中锻造自己的灵魂。他们会因坚忍而日益强大，会因坚忍而逐渐成熟。不飞则已，一飞冲天；不鸣则已，一鸣惊人。淮阴侯韩信，宁忍胯下之辱，后终万古留名，越王勾践，忍卧薪尝胆之苦，后终成就千秋霸业。是什么让他们有惊人的毅力，是他们始终有一种积极的心态，为了心中远大的目标，他们可以置眼前的屈辱、苦难于不顾，委曲求全，在逆境中奋起。

只有心中有梦想，我们才会燃起生的希望，我们才可以忍受世间的诸多不平与身边的万般磨难，才可以拥有不屈的信念和坚强的斗志，才可以百折不回地步步前行。没有目标，我们就失去了前进的动力，坚忍就没有了任何意义。活着都不知道做什么，忍受还有什么价值？只能是甘于平庸，浑浑噩噩地度日。

坚忍的人总是拥有一个坚不可摧的信念，那就是正义必胜。无论何时，真善美总是人类进程中高高扬起的旗帜。一切维护真善美的行为，都是正义的；一切庇护假恶丑的行为，都是非正义的。当非正义的行为肆虐无忌时，热爱真善美的人们更需要一种惊人的坚忍。毕竟，正义最终是不可战胜的，也许常会有这样那样的一些事情使我们的心灵哭泣。但这样的时候，更需要我们更多一些坚忍。越是接近胜利的时候越是难以忍受，正如越是接近黎明时天色越是黑暗，越是春暖花开之时越有可能出现"倒春寒"。在这种时刻，五分坚忍不行，八分坚忍不行，九分坚忍也不行，只有十分坚忍的人，才有可能达到胜利的彼岸。在极其危急的时候，一个人的坚忍，甚至可以成为所有同伴们生命和勇气的支撑。奇迹常常在坚忍中产生。

美国百货大王梅西于1882年生于波士顿，年轻时，他出过海，以后开了一间小杂货铺，卖些针线，铺子很快就倒闭了。一年后他另开了一家小杂货铺，仍以失败告终。

在淘金热席卷美国时，梅西在加利福尼亚开了个小饭馆，本以为供应淘金客膳食是稳赚不赔的买卖，岂料多数淘金者一无所获，什么也买不起，这样一来，小饭铺又倒闭了。回到马萨诸塞州之后，梅西满怀信心地干起了布匹服装生意，可是这一回他不只是倒闭，而简直是彻底破产，赔了个精光。

不死心的梅西又跑到新英格兰做布匹服装生意。这一回他时来运转了，他买卖做得很灵活，甚至把生意做到了大街上。头一天开张时账面上才收入 11.08 美元，而现在位于曼哈顿中心地区的梅西公司已经成为世界上最大的百货商店之一。

坚忍是面对挫折的正确态度，坚忍是面对惨淡人生的正确态度。懂得坚忍的人往往更加成熟，因为相比于那些对待挫折容易丧气或抱怨或暴怒的人，坚忍的人明白不经历风雨是不会见到彩虹的。如果以人生的跨度来看待眼前的挫折，这些挫折又何尝不是一笔宝贵的人生财富？

美国著名电台广播员莎莉·拉菲尔在她 30 年职业生涯中，曾经被辞退 18 次，可是她每次都放眼最高处，确立更远大的目标。最初由于美国大部分的无线电台认为女性不能吸引观众，没有一家电台愿意雇用她。她好不容易在纽约的一家电台谋求到一份差事，不久又遭辞退，说她跟不上时代。

莎莉并没有因此而灰心丧气。她总结了失败的教训之后，又向国家广播公司电台推销她的清谈节目构想。电台勉强答应了，但提出要她先在政治台主持节目。"我对政治所知不多，恐怕很难成功。"她也曾一度犹豫，但坚定的信心促使她大胆去尝试。她对广播早已轻车熟路了，于是她利用自己的长处和平易近人的作风，大谈即将到来的 7 月 4 日国庆节对她自己有何种意义，还请观众打电话来畅谈他们的感受。听众立刻对这个节目产生兴趣，她也因此而一举成名了。

如今，莎莉·拉菲尔已经成为自办电视节目的主持人，曾两度获得重要的主持人奖项。她说："我被人辞退 18 次，本来会被这些厄运吓退，做不成我想做的事情。结果却相反，我让它们鞭策我勇往直前。"

坚忍，是一种平和的心态，一种开阔的胸襟。坚忍者，无故遇之而不惊，无端加之而不怒；悲欢不形于表，喜怒不言于色；视世间万物为必然，忍诸多不平于心中。他们知道小不忍则乱大谋的古训，心中始终怀有远大的志向。他们不会因眼前的一点小成就而沾沾自喜，也不会因为遇到一点小挫折而愤愤不平。他们耐得住清贫、耐得住寂寞，耐得了风言冷语、耐得了冷嘲热讽。因为他们有坚定的信念，因为他们有顽强的毅力。

第八章 对苦乐的纠结：

清空它，快乐将会不期而至

人的一生可能先苦后乐，也可能先乐后苦，唯一不可能只乐不苦。苦乐本就是人生的基本，这不是只为一个人或少数人准备的"特别餐点"。很多人纠结在人生的苦乐上，抱怨为什么自己这么痛苦，这么不快乐。其实，每个人的生活都有苦有乐，放弃这种纠结，才能看清其中的关键，从而更接近快乐。

·001·
苦乐人生如何选择

苦也是人生，乐也是人生。苦中有乐，苦中求乐，乐不痴迷，乐不忘忧，人生自然就有滋有味，苦亦是乐了。

现代社会中，人们因物质而蒙蔽了心灵，人们在追求更多的同时，却忘了最简单的东西往往是最重要，最离不开的东西。成功与失败，痛苦与欢乐，如果常常因为一些不如意事而过得不开心、不快乐，那人生将是多么灰暗。一个人能不能开心快乐，并不在于他的处境如何，或者拥有什么，而是在于他对生活的态度，是否可以在生活上、工作中把持着一份发现快乐、赢取快乐的心境。

许多人都把生活比作果子，有甜有酸，吃果子的过程就似于感受生活的过程。在不知不觉中会使人产生两种不同的错觉，正是这种错觉影响着人的一生。先尝甜果的人，会以为甜味会长久，而对安逸的环境、顺利的境遇，未免就会生出那么几分懒惰、懈怠的思想，从而不去拼搏劳作，其结果只能是空等年华流逝，而终一事无成。先品酸味的人会以为自己已经受苦难，从而认定幸福必然会来临。

生活中的苦与乐就如一对孪生子，相伴相随，永不分离。苦与乐在生活中的每时每刻都存在，只要我们以平衡的心态去对待，乐就会永伴你身边。在岁月的脚步中，我们从不在沧桑中停步，也从不要在坦途中驻足。在蹉跎的岁月里，我们匆匆地走过了昨天，忙碌地走过今天，又满怀希望地期盼着明天……

人活一世，看似很长，其实在时间的长河中，只不过是一朵素洁的浪花，稍纵即逝。说到底，人的一生，只是那短短的三天：昨天、今天、明天。昨天，过去了，不再烦；今天，正在过，不用烦；明天，还没到，烦不着，何必为着苦与乐去自寻烦恼呢？

"生、老、病、死、求不得、爱别离、怨憎会、五蕴盛。"这固然是生活之苦，但它如春夏秋冬的自然轮回一般，无论是谁都难以逃脱与抗拒。面对这般苦痛，重要是要心如止水，平和、平淡地去面对，要将它视作头顶上那天空中的悠悠白云，视作河面上片片漂去的花瓣一般，瞬间即逝，转而成空。

面对生活的"苦"与"乐"，应该如一位名人所言："你面对，所以你去拼搏；你拼搏，所以你能够面对。"苦与乐是生活所必须去经历的过程，苦不一定是负面的，也正是各式各样的苦丰富着我们的人生，增长了我们的才智；乐是生活所追求的目标，乐是奋进的加油站，只有付出无尽的汗水，才能永远感受生活快乐。

美国西雅图有个派克街鱼市，它以精彩的销售方式吸引顾客，前台售货员将顾客的需要吆喝着告诉后面的同伴，后者跟着重复吆喝一遍，并手脚麻利地把鱼像投篮球一样扔向前台售货员，又快又美观，成为一道闻名的风景。后来，当地一名女经理从这个有趣的"售鱼哲学"中受到启发，将一个死气沉沉、常年推诿扯皮的内勤营运部门脱胎换骨成为一个运转高效、富有团队精神和轻松愉快氛围的员工团体。

人生总是伴随着七苦八难，没有苦难就不成其为人生。人们的全部努力，无非只是希望能减少一点苦难，或以此苦代替彼苦。一些人欲望太多，贪得无厌，贪污受贿，搞权钱交易，而后又大肆挥霍，满足自己的私欲。而他们并不知道，这种满足只是暂时的，是罪孽性的，与此同时，他们已经为自己掘下一个更加苦难的深坑！

既然人生充满了苦难，那么人生岂不毫无意义？当然不是。幸福和快乐是苦难的另一面，或者说，苦难升华的结晶就是幸福和快乐。有"苦"就有"乐"，有"难"就有"福"。有苦乐祸福，才构成了人生的本质和全部。所谓"苦乐人生"，就是这个概念。所以，如何善对人生，善待苦乐，掌握苦与乐的根本和转化的契机，就是你人生的技巧所在。

亨利·福特被美国人称为"汽车之父"。1913 年他率先采用流水线组装汽车，第一次实现了 10 秒钟组装一部汽车的神话。几年后民用汽车的价格降低了一半。福特的思想对全世界的制造业产生了极大的影响。但是事情往往是多元的。有人觉得改进装配线，既要投资购买机器，又得重新培训工人，风险太大了；也有人认为公司的生产能力已经够强，效益也很好，没必要花力气去提高效率。怎么统一呢？福特举起桌上的玻璃杯问："你们看到了什么？"有人担忧地说："半杯水被喝了，杯子空了一半。""别担心，"有人乐观地说，"杯子里还有一半水，渴了还有半杯水可喝。"这就是大家都知道的所谓"半杯水理论"。说世界上有两种人，当他们在观察半杯水时，一种人看到的是杯子里有一半是满的，而另一种人看到的则是杯子里有一半是空的。

这就是乐观与悲观的区别。我们每个人在日常生活中开心与不开心，一天都要过 24 个小时，何不开开心心地度过每一天呢？因为时间对每个人来说都是公平的，不管你是什么人，一天同样拥有 24 小时，做人要活得潇洒些，要学会主宰自己的命运。所以就要看你怎样去度过了。先贤说："祸福无门，唯人自招；善恶之报，如影随形。"有人生活好，有人生活不好，俗话说人比人气死人。因此我们要学会知足常乐，常言道："比上不足，比下有余。"我们要能够保持乐观、开朗、平静的心态，善于缓解一切压力，消除一切烦恼。俗话说：退一步海阔天空，忍一时风平浪静。佛教也讲：禅心清净境，无心万事宽。因为忍让不是弱者，而是有胸怀的大度。这样我们就可以在最短的时间内去调整自己的心态。要知道伤心、烦恼、怨恨、忧愁不是解决问题的好办法。

·002·
让快乐"顺其自然"

快乐充满着未知数。人类不善于预测快乐，因为快乐是乞求不到的，当你追求快乐时，它无影无踪，而你等待它时，它却不期而至。

生命在拥有与失去之间不经意地溜走了，而人们却还在一味地盲目追求所谓的"物质幸福"中浑然不知，不管是金钱、地位还是房子，无论朝着这个目标前进的步伐有多快，也会觉得很慢，会因此烦恼，此时最容易受伤。其实，很多东西是可遇不可求的，不必为此苦苦追求，耗费一生中不必要的精力，有很多东西是我们所拥有的，却不懂得珍惜。

有一条小狗不停地绕着自己的尾巴转圈，直到精疲力竭地躺在地上喘气。

这时，一条大狗走过，询问它发生了什么事。小狗说："有朋友告诉我说，假如我可以追到自己的尾巴，我便能永远地得到幸福和快乐，所以我才追逐自己的尾巴直到筋疲力竭的。"

大狗叹了一口气说："在我年轻的时候，也听别人说过同样的话，我也跟你现在一样弄得筋疲力竭。当我追逐幸福和快乐的时候，它永远不在我前面，反而当我不刻意追逐，一切顺其自然之时，才发觉幸福和快乐正在后面日夜地跟随着我！"

幸福和快乐本来就是我们生活的一部分，只是看我们是否懂得欣赏而已。许多人每天都在追逐名利以及物质享受，但是仍然得不到幸福和快乐，其实是他们身在福中不知福啊！幸福与快乐是不会通过刻意追求就可以得到的，一切只有顺其自然才能得到。

人们都曾体验过快乐的感觉，也很重视快乐的感受，却往往不重视去做快乐的事情。从根本上来说，美好快乐的感觉并不像人们想象之中的那样只存在于头脑中，它一定会表现在行为上。只有付诸行动中，才可感受到幸福的快乐。

心理学家彻斯认为"顺其自然"的生命行为至关重要。其具体方法则是人们去做一些非常有趣的活动，达到忘我的程度时，生活满足感就会出现。因为这时他们已经忘记了时间，也忘记了一切忧愁。快乐的感觉就会不期而至。莫要忘记，生命中许多活动的流程就是生命中的满足，没有必要加快脚步做好每一件事，更没有必要为寻找快乐而到达终点，顺其自然就可以，生命中的快乐就是乐天安命，一切自然的水到渠成。

好的感觉并不像人们想的那样只存在于头脑中，它一定会表现在行为上。通常当人们去参加一些非常有趣的活动，达到忘我的程度时，生活满足感就会出现，因为这时他们已经忘记了时间，也忘记了一切忧愁。心理学家彻斯把这一现象称为"顺其自然"。彻斯认为，在生命的流程中，人们也许正在处理棘手的事件，也许正在做脑部手术、玩乐器或者是在和孩子一起解决难题，而其中的影响都是一样的：生命中许多活动的流程就是生命中的满足。你不必加快脚步到达终点，顺其自然就可以。

从前，有一群年轻人到处寻找快乐，却遇到许多忧愁和痛苦。在经历了这些后他们一个个垂头丧气，觉得这个世界并没有真正的快乐。于是，他们准备放弃，在他们心灰意冷的归途中，看到了一个江边垂钓的渔翁。老翁神态怡然自得，时时轻捋长须，十分悠闲。一人皱眉一想，带着朋友走上去，问道："老伯伯，您快乐吗？"

"我很快乐！"老翁回答。

"为什么？"年轻人说。

"因为我远离喧嚣，垂钓碧江，我在享受我的生活。"老翁答道。

年轻人脸上疑云遍布，不解。

老人思忖道，说："你们去拜访苏格拉底的吧，他或许可以解决你们遇到的问题。"说完继续面朝大江。年轻人点点头。

苏格拉底是名人，古希腊哲学三圣之一，柏拉图的老师，有名的大哲学家。几天后，他们找到了苏格拉底，问道："我们在寻找快乐，却遇到了痛苦，快乐到底在哪里？"

"你们先帮我造一条船。"苏格拉底说。

年轻人还是一头雾水，但答应了，就把寻找快乐的事放到一边。他们各自商量好，找来了造船工具，用了七七四十九天，锯倒了一棵大树，挖空树心，造出了一条独木船。他们看到自己的劳动成果，虽然很累，但每个人的心里都异常兴奋。当晚大家约好庆祝了一番，全然忘了寻找快乐的事。

第二天，他们把独木船抬到江边，并请来了苏格拉底，苏格拉底满意地点点头。于是大家把船推到水里，一起上到船里，一边合力摇桨，一边齐声唱起歌来。歌声在整个空旷的江面上回荡。

这时，苏格拉底问："孩子们，你们快乐吗？"

"快乐极了！"他们齐声回答。

"那你们找到了自己想要的答案了吗？"苏格拉底问道。

这群年轻人恍然大悟，道："原来我们都为了寻找快乐而久久苦恼，但在忘记寻找快乐中我们不知不觉找到了快乐。"

"呵呵，其实快乐并非刻意去寻找，它其实就在我们每个人的身边，只要你们融入生活，有目标，有追求地去做一件事情，并做好每一件事，那么快乐就会如约而至。"苏格拉底说道。

这时，这群年轻人也深刻地理解了垂钓老翁的话，并领悟到了快乐的真谛。

他们欢快地荡舟于江面，舟上载着一群快乐的人。

人类不善于预测快乐，因为快乐是乞求不到的，当你追求快乐时，它无影无踪，而你等待它时，它却不期而至。其实，快乐是因为你做了快乐的事情，当你把某一件事情做好了，你对自己的行为感到满意，你就会快乐。许多人重视快乐的感受，却不重视去做快乐的事情，不去行动，只去思考和感受是不会快乐的。

· 003 ·
不切实际的人不会快乐

面对各种各样的诱惑，如果我们能够保持自己内心的纯净，让自己的心少一些杂念，让自己的欲望少一些，那么我们还是可以寻回平静快乐的内心。

在当今竞争的社会，现代人你追我赶，分秒必争。这种生活压得人喘不过气来，甚至迷失自己。追求物质财富的欲望，把人们折磨得精疲力竭。人格商品化带来的虚伪、利欲，导致精神的贫乏、失落。人们迫切希望寻求生活的真谛，为心灵与精神辟出一片净土，寻觅一处赖以生存的宁静港湾，向往过一种简单且快乐的生活：真诚、和谐、悠闲。

生活原本没有痛苦，没有烦恼，没有忧愁。当欲望太多，计较太多，背负太多时，痛苦、烦恼、忧愁和沉重便产生了。欲望越多，痛苦便越多，幸福便越远离。欲望多的人，总容易产生不快，也会长期处于低迷的状态，会觉得一切事物都变得如此枯燥，让人心烦。与此同时，周边的人也会受其影响而变得没有活力，变得沉闷起来。那些懂得和善于生活的人，不会有太多的欲望，也不会因此而沉沦，而是从中振作起来，成为生活的强者。一个人对待生活的态度完全影响着他对生活的激情和本应具有的活力，这从举手投足间就可以看到。

生活本身就会带给我们一些挫折与烦恼，甚至巨大的挑战，需要我们去勇敢地接受和面对。那又何必花那么多的时间和精力去浪费在这些无谓的烦恼上呢？少些欲望，多些勇气，多些激情，去丰富自己的生活，积极向上，面对眼前的一切！

只有懂得节制欲望的人，才能享受到人生的真正乐趣；只有懂得不去计较的人，才能享受到打成一片的和谐；只有懂得放下自己的人，才能享受到生活的自在从容。

有些人整天说自己不快乐，缺少幸福，却又不知道是什么原因造成的。其实，很多时候，人之所以不快乐，并不是因为快乐的条件还没有齐备，而是因为活得还不够简单。

让心灵无杂就是让自己简单一点：

让外表简单一点，内涵就会更丰富一点。

让需求简单一点，心灵就会更丰富一点。

让流程简单一点，质感就会更丰富一点。

让言语简单一点，沟通就会更丰富一点。

让学习简单一点，知识就会更丰富一点。

让私心简单一点，友情就会更丰富一点。

让挫折简单一点，经验就会更丰富一点。

让情绪简单一点，人生就会更丰富一点。

让效率简单一点，成果就会更丰富一点。

让行销简单一点，业绩就会更丰富一点。

让环境简单一点，空间就会更丰富一点。

让爱情简单一点，幸福就会更丰富一点。

简单是一种不求繁复、无拘无束的精神；是一种超脱世俗、淡泊名利的生活态度；是一种选择，让生活更贴近自然。无论是普通人，还是亿万富翁，同样可以选择过简单自由的生活，关键是你自己的选择和感觉。

简单的生活并不意味着物质的匮乏，它不受任何繁琐碎事和吹毛求疵的羁绊。生活要过得简单而又不乏味，有情趣而不怪异，这就看你自己如何运用生活技巧来处理生活中的琐事了。那么快乐是什么呢？快乐来源于"简单生活"，是一种生活态度。具有乐观、豁达、坦然性格的人，无论什么时候，他们都能发掘蕴藏在生活中的无穷乐趣。即使在黑夜，也能觅到天边闪烁的星光。在我们周边常听到抱怨生活不公平、不如意的声音，他们总是跨不过那扇快乐之门，被抑郁、忧伤困扰。其实这只能让烦恼更进一步消耗人们的意志和自信，损害自己的健康，有百害而无一利，对改善自己的境遇毫无帮助。想要追求快乐，需要相当的智悟。

上个世纪初，有一位少年，他做梦都想成为帕格尼尼那样的小提琴演奏家，他一有空闲就练琴，练得心醉神痴，走火入魔，却进步甚微，连父母都觉得这可怜的孩子拉得实在太蹩脚了，完全没有音乐天赋，但又怕讲出真话会伤害少年的自尊心。

有一天，少年去请教一位老琴师，老琴师说："孩子，你先拉一支曲子给我听听。"

少年拉了帕格尼尼24首练习曲中的第三支，简直破绽百出，令人不忍卒听。一曲终了，老琴师问少年："你为什么特别喜欢拉小提琴？"

少年说："我想成功，我想成为帕格尼尼那样伟大的小提琴演奏家。"

老琴师又问道："你快乐吗？"

少年回答："我非常快乐。"

老琴师把少年带到自家的花园里，对他说："孩子，你非常快乐，这说明你已经成功了，又何必非要成为帕格尼尼那样伟大的小提琴演奏家不可？你看，世界上有两种花，一种花能结果，一种花不能结果，不能结果的花更加美丽，比如玫瑰，又比如郁金香，它们在阳光下开放，没有任何明确的目的，纯粹只是为了快乐，这就够了。在我看来，快乐本身就是成功。"

少年听了琴师的话，深受触动，他回家后又思索良久，完全明白过来，琴师教给他的是一种人生哲学，快乐胜过黄金，却能给人真实的受用。倘若舍此而别求，就很可能会陷入失望、怅惘和郁闷的沼泽。少年心头的那团狂热之火从此冷静下来，他仍然常拉小提琴，但不再受困于帕格尼尼梦想。

这位少年就是日后以狭义相对论和广义相对论名震天下的物理学家阿尔伯特·爱因斯坦，他一生仍然喜欢小提琴，拉得十分蹩脚，却能自得其乐。

很多不快乐的人，他们痛苦的来源是因为"把自己摆错了位置"，总要按照一个不切实际的计划生活，总要跟自己过不去，总觉得生不逢时，机遇未到，所以整天郁闷不乐。而快乐的人明智地摆正了自己的位置，工作得心应手，生活有滋有味。因为他们懂得生活的艺术，知道适时进退，取舍得当。快乐把握在今天，而不是等待将来。事实上，每天能够做自己喜欢的事情，不在乎外表的虚荣，快乐和幸福才会随之而来。

·004·
发现方向错误，就改变方向

"一条道跑到黑"，不少具有这种行为风格的人最后获得了成功，但与之一步之遥的另一面就是固执。而一旦选错了方向，这种固执会让你沉入苦海难以解脱。

执着说白了就是顽强，一直追求某样东西不放弃，一种永不放弃的精神；固执，不改变自己的想法或做法。执着，还隐含了在所追求目标的过程中，克服各种困难和挫折，在困难和失败中积累成功的要素，直到达到目标。执着是一种非凡的意志力，是面对反复拒绝后的失落以及跨越成功路上的无数阻碍的重要法宝。研究表明，成百上千的成功人士为他人开辟了道路，并在历史的画卷上留下了标记，他们留下的重要财富就是执着的精神。

很多情况下，执着是区分他们与其他人的唯一素质。人们通常错误地认为，缺乏执着是意志力太弱的结果。然而，有些人具有很强的意志力但是仍然缺乏保持前进所需的执着。很多案例表明，人们不够执着往往是因为他们没有一个值得他们追求的目标，一个令他们内心激动的目标。

尽管意志力是催人奋进的重要动力，如果意志力与想象力发生冲突，想象力必然每次得胜，也就是说：欲望是动力，梦想是燃料。当你开始发挥想象力，为自己构筑梦想时，需要反复定义和调整直到得出清晰答案，亦即形成了一种受强烈欲望驱动的可以超越任何力量的情感。但是这种意志力需要深度发展才能指导你朝目标奋进。

如能得到恰当应用，每个人的知识能力都蕴涵无限潜力。然而，任何事物都有相反的一面，如果知识力没有得到正确引导，它同样会变成致命的敌人。很多人执着地从事他们不想做的事情，得到了不想要的结果。他们并非缺乏执着精神，而是执着于自己的毁灭。执着的极端便是固执——坚持自己想法、做法是最对的，一旦决定之后，任何人都不能够改变他，也不愿意接受别人的建议，一意孤行，这就是固执己见。

执迷不悟指的是人们在认知过程中无法将客观与主观、现实与假设很好地区分开来。假如将自己这种已有的经验来驾驭现实，并过分固化的话，就产生了执迷不悟。

有人曾经做过一个有趣的实验：把几只蜜蜂和苍蝇放进一只平放着的玻璃瓶，使瓶底对着光亮处，瓶口对着暗处。结果，有目标地朝着光亮拼命、扑腾的蜜蜂最终衰竭而死，而无目的地乱窜的苍蝇竟都溜出细口瓶颈逃生。是什么葬送了蜜蜂？是它对既定方向的执着，是它对趋光习性这一规则的遵循。

这一实验告诉我们固执和执着在这个世界中的变数。在充满不确定性的环境中，有时我们需要的不是朝着既定方向的执着努力，而是在随机试错的过程中寻求生路；不是对规则的遵循，而是对规则的突破。不能否认执着对人生精神的推动作用，但也应看到，在一个经常变化的世界里，执着于错误的方向只会有无尽的痛苦。

认准了正确的道路奋勇前进，不达成目标不松懈是执着；一意孤行，沿着错误的方向不撞南墙不回头，是固执。执着和固执，有时真像是一个事物的正反两面，而判定执着之所以为执着，固执之所以为固执的标准，仅仅是一个开头，即选择的方向正确与否。

有一种鱼，名字叫马嘉鱼，生活在深海中，春夏之交会溯流而上，随着海潮漂游到浅海去产卵。渔人捕捉马嘉鱼的方法很简单：用一个孔目粗疏的竹帘，在竹帘的下端系上铁块，放入水中，用两只小艇拖着，拦截鱼群。这种马嘉鱼的"个性"很强，不爱转弯，总是一往无前，即使闯入了罗网也不会停止。所以一只只前仆后继地陷入竹帘孔中，帘孔随之收紧。孔愈紧，马嘉鱼愈是愤怒，每每这时它们会瞪起圆圆的眼睛，张开背鳍，更加拼命往前冲，结果一只只马嘉鱼被竹帘牢牢地卡死，为渔人所获。

马嘉鱼的死亡告诉我们，执着追求的同时必须与智慧相结合，在执着地追逐成功的同时，要适时调整自己的定位，懂得变通，懂得放弃，这样才能到达成功的彼岸。

·005·
将过去放下，让未来等待

人生的智慧在于：既不要后悔过去，也不要担心未来，无论你想要什么，都要抓紧现在，而不是在杞人忧天中失去本有的快乐。

说起未来，人十有八九都是悲观主义者，即使那些标榜自己是乐观主义者的人，在对未来的预测上也是非常悲观的。因为未来总是充满了不确定性，越是对于我们希望发生的，我们越是担心其不发生或者出现相反的情形。我们的精力有很大一部分是消耗在对未来的担心上了，以至于让自己分心了，或者没有在行动上作出足够的投入，这都是促使我们所担心的情形发生的因素。越是不想要的，反而越可能发生，这其实是因为对于未来的过度担心而导致的自我证实型预测。

对未来的担心是多余的。如果认为某一负面结果发生的可能性比较大，不可忽视，那么就为这一情况的发生做好应对准备，然后就不要再去考虑它了，只管一心一意向着自己想要的结果努力，义无反顾。

毕淑敏说过："天使之所以能够飞翔，是因为他们有着轻盈的人生态度。"很多人的忧虑来自于名利心太重，心胸过于狭隘，他们由于过分害怕失败，于是就忧心忡忡，心头像压着一块沉重的铅块，使人感到窒息，感到束手无策。这些人由于忧虑失败，所以往往把现实中的困难估计过高，什么事做起来都感到十分吃力，觉得没有成功的把握，以至于前怕狼后怕虎，畏首畏尾，一旦感到生命无助时，这些人便心灰意冷，甚至于自暴自弃。

著名篮球运动员迈克尔·乔丹说："我从来不去预料结果，因为每当你考虑结果，你总会想到一个糟糕的结局。无论我陷入何种处境，我都会想，自己一定能成功——而不去想如果失败了会怎样。有些人一想到会有一个糟糕的结局，便会忧虑得浑身发冷，也许他们是害怕面子上下不来，或者遭人奚落。我认为，如果我想在一生中有所成就，就必须积极进取。我必须主动出击，我相信，畏畏缩缩是成不了什么大器的。"

忧虑是人类的天敌，它剥夺人的快乐，使人遭受失败，或陷入自卑的境地。忧虑还使人缺乏生命的活力，破坏人的志向，瓦解人的勇气，使人缺乏创造力。从古到今，忧虑毁坏了无数人的事业。

忧虑者整天坐在屋里，忧心忡忡，魂不守舍，似乎总在期待着灾难的降临，而不能充分享受今天的生活。他们总带着一种不安揣测明天，比如："得了不治之症怎么办？""失业了怎么办？""遇到交通事故怎么办？"等等。如此推想下去，不安的心绪就像滚雪球似的，越滚越大，最后逼得人走投无路。实际上这些事情能否发生，天晓得，即使真让你遇上了，到时再想也为时不晚，所以应该及早从这种杞人忧天的苦思中解脱出来，否则当这种不良情绪反复在你头脑中出现时，你就会被烦恼紧紧缠绕，一事无成。

《尚书》里有这样一句话："心之忧危，若蹈虎尾，涉于春冰。"意思是："对待各种事情，心中总怀着忧患、危惧之感，就像踩着老虎尾巴，像走在春天即将融化的冰面上一样，令人战战兢兢。"对未来的担心会让你的行动效果大打折扣，当你的担心成了现实的时候，你不要以为自己多么聪明或者有眼光、料事如神，你要知道，你本来是可以成功的。

从前，有一个杞国人，他的胆子很小，而且有点神经质，他常会想到一些奇怪的问题，而让人觉得莫名其妙。

有一天，他吃过晚饭以后，拿了一把大蒲扇，坐在门前乘凉，并且自言自语地说："假如有一天，天塌了下来，那该怎么办呢？我们岂不是无路可逃，而将活活地被压死，这不就太冤枉了吗？"

从此以后，他几乎每天为这个问题发愁、烦恼，朋友见他终日精神恍惚，脸色憔悴，都很替他担心，但是，当大家知道原因后，都跑来劝他说："老兄啊！你何必为这件事自寻烦恼呢？天空怎么会塌下来呢？再说即使真地塌下来，那也不是你一个人忧虑发愁就可以解决的啊，想开点吧！"可是，无论人家怎么说，他都不相信，仍然时常为这个不必要的问题担忧。

后来的人就根据上面这个故事，引申成"杞人忧天"这个成语，它的主要意义在唤醒人们不要为一些不切实际的事情而忧愁。

快乐的人前行，口袋里装的都是祝福；疲惫的人前行，口袋里装的都是指责。他们都是从一条路上过来的人。只是快乐的人会把那些不必在意的负担丢掉，疲惫的人却选择丢掉祝福，所以他更累了。我们都想做快乐的人，千万别庸人自扰！

　　人是一种敏感的生物，他们有思想，能思考，喜欢想事情，同时也喜欢把简单的事情想复杂，给自己带来一些不必要的心理压力。太在意某一件小事反而会让他弄巧成拙。反而你用平常心去对待小事，小事又怎么能算是事呢？一张白纸，白纸上有一个小黑点，你拿放大镜去看它，白纸又怎么会显得不脏！若你只是看白纸空白部分，那小黑点几乎可以略过不提。庸人自扰的事大家都会做，重要的是怎样去克服。

　　如果你的脑海里已经出现千万种去克服庸人自扰的方法，那么恭喜你！你已经在庸人自扰了。克服庸人自扰的方法其实就是不理它，不管它，不问它，一切随缘。所谓无为而无不为。人本身就是矛盾的共同体，有时候解决一个问题的方法就是放开这个问题不解决。然而不在意事情并不意味着什么事情都不在意。使我们烦恼的根源在于我们把平时应熟视无睹的小事太当回事，而不是在于我们把平常应认真看待的事看大了。所以我们还需要"辨别能力"。能让我们辨别出什么是大事，什么是小事。其实这种辨别能力我们早就具备了。因为大家都知道要做自己快乐的事，自然会找出对应事情方法。当你在迷茫一件事是否应该重视时，就想想忘记这事后能给人带来快乐还是疲惫。别庸人自扰，在于我们善于愉悦自己，自己为自己丢掉一些烦恼的重石。该遗忘的遗忘，该记得的永世铭记！

· 006 ·
该丢掉的时候，不再犹豫

凡事不要看得太重，不要斤斤计较与眼前的得和失，放空自己的心灵，平淡地看待生命中的得与失，你会发现生命中到处都是安乐。

我们在生活中，时刻都在取与舍中选择，我们又总是渴望着索取，渴望着占有，常常忽略了占有的反面——放弃。懂得了放弃的真意，也就理解了"失之东隅，收之桑榆"的道理。生活有时会逼迫你，不得不放弃权利，不得不放走机遇，甚至不得不抛下爱情。然而，放弃并不是一件容易的事情，需要很大的勇气。面对诸多不可为之事，勇于放弃，是明智的选择。只有毫不犹豫地放弃，才能重新轻松投入新的生活，才会有新的发现和转机。

俗话说"万事有得必有失"，得与失就像小舟的两支桨，马车的两个车轮，得失只在一瞬间。失去春天的葱绿，却能够得到丰硕的金秋；失去青春岁月，却能使我们走进成熟的人生……失去，本是一种痛苦，但也是一种幸福，因为失去的同时也在获得。

得到与失去是矛盾的双方，它们是对立统一的辩证关系。古人讲"鱼和熊掌不可兼得"，所以得到与失去、追求与放弃，是现实生活中再平常不过的事情了，我们应该以一种平常、豁达的心态去看待。

人们总是对自己的痛苦念念不忘，目的是为了防止同样的事再度发生；但如果一直将过去的伤痛累积起来回味，那就永远都走不出阴影，久而久之，人就始终在眼泪淹没中度日，心胸也日益狭隘起来。一旦放下那些不愉快的往事，打开心灵，宽容一切，得饶人处且饶人，生活就会焕发出新的契机。所以退让是一缕东风，一旦我们真诚原谅，就无需用折磨自己来惩罚别人。倘若能够坦然应对生命小舟中的每一个险滩，你就会融化别人冷漠的冰雪，迎来生机盎然的春天。

学会放弃，本身就是一种淘汰，一种选择，淘汰掉自己的弱项，选择自己的强项。放弃不是不思进取，恰到好处的放弃，正是为了更好地进取，常言道：退一步，海阔天空。

一个老人在行驶的火车上，不小心把刚买的新鞋弄掉了一只，周围的人都为他惋惜。不料那老人立即把第二只鞋从窗口扔了出去，让人大吃一惊。老人解释道："这一只鞋无论多么昂贵，对我来说也没有用了，如果有谁捡到一双鞋，说不定还能穿呢！"

显然，老人对自己的行为已经有了价值判断：与其抱残守缺，不如断然放弃。我们都有过某种重要的东西丢失的事情，而且，耿耿于怀。究其原因，就是我们并没有调整心态去面对失去，没有从心理上承认失去，事实上，与其为失去的而懊恼，不如正视现实，换一个角度想问题：也许你失去的，正是他人应该得到的。

生命有得到是正常的，有失去也是正常的，如果你紧紧抓住失去不放，得到就永远也不会到来。放下失败，抓住成功，就可以让生命重放光彩。而这一切，需要你有一颗淡泊名利得失、笑看输赢成败之心。个性乐观的人对得失看得很淡，他们认为"得"是劳作的结果，无论劳心劳力，"得"

都是心愿的实施，了却了心愿，却难免会失去追求。得到功名利禄的时候，满心喜悦，但同时也失落了沉思与警醒；得到婚姻的时候，爱情的光芒免不了黯淡；得到虚荣的时候，灵魂却在贬值；失去最爱的时候，便是得到永恒的寄托；失去依赖的时候，便得到人生必备的磨砺；失去憧憬的时候，便得到现实的选择。

安徒生有一则名为《老头子总是不会错》的童话故事：

乡村有一对清贫的老夫妇，有一天他们想把家中唯一值点钱的一匹马拉到市场上去换点更有用的东西。老头子牵着马去赶集了，他先与人换得一头母牛，又用母牛去换了一只羊，再用羊换来一只肥鹅，又把鹅换了母鸡，最后用母鸡换了别人的一口袋烂苹果。在每次交换中，他都想给老伴一个惊喜。

当他扛着大袋子来到一家小酒店歇息时，遇上两个英国人。闲聊中他谈了自己赶集的经过，两个英国人听后哈哈大笑，说他回去准得挨老婆子一顿揍。老头子坚称绝对不会，英国人就用一袋金币打赌，三个人于是一起来到老头子家中。

老太婆见老头子回来了，非常高兴，她兴奋地听着老头子讲赶集的经过。每听老头子讲到用一种东西换了另一种东西时，她都充满了对老头子的钦佩。她嘴里不时地说着："哦，我们有牛奶了！""羊奶也同样好喝。""哦，鹅毛多漂亮！""哦，我们有鸡蛋吃了！"

最后听到老头子背回一袋已经开始腐烂的苹果时，她同样不愠不恼，大声说："我们今晚就可以吃到苹果馅饼了！"

结果，英国人输掉了一袋金币。

从这个故事中我们可以领悟到：凡事不要看得太重。不要为失去的一匹马而惋惜或埋怨生活，既然有一袋烂苹果，就做一些苹果馅饼好了，这样生活才能妙趣横生，和美幸福，这样，你才可能获得意外的收获。

　　人的情感总是希望有所得，觉得拥有的东西越多，自己就会越快乐。所以，这一人之常情就迫使我们沿着追寻获取的路走下去。可是，有一天，我们忽然惊觉：我们的忧郁、无聊、困惑、无奈、一切不快乐，都和我们的要求有关，我们之所以不快乐，是我们渴望拥有的东西太多了，或者，太执着了，不知不觉，我们已经执迷于某个事物上了。放弃是一种睿智，是一种选择，没有明智的放弃就不会让你进退从容，积极乐观，放弃绝不是毫无主见，随波逐流，更不是知难而退，而是一种寻求主动，积极进取的人生态度。

第九章 对进退的犹疑：

清空它，拥有进退有度的豁达

进和退如阴阳之行，是随时处在运动变化之中的。退中有进，进中含退。退时当思进，进时当思退。进的时候，我们不能一味地高歌猛进，而要为自己想一想退步的余地；退的时候，我们也不能畏怯地一退到底，而是以退为进，为自己留下再次前进的"桥头堡"。

·001·
退后，一种宽容的姿态

　　退让不是懦弱，不是胆怯，也不是无能，而是一种坦然和释怀，凡事退让一步，迎接你的将是更广阔的天空。

　　古人云："退一步海阔天空，忍一时风平浪静。"在非原则的问题上或在自己应得的物质利益上，如果能以宽容之心对待他人之过，就能得到化干戈为玉帛的喜悦。对于别人的过失，虽然必要的指正无可厚非，但是若能以博大的胸怀去宽容别人，就会让自己的精神世界变得更加精彩。

　　世界上许多的悲剧，都是因为人与人之间不肯退让而造成的。然而很多人与人之间的矛盾，其实大部分都是"小事"，并没大到"生死攸关"的地步，有时候甚至只是一些细枝末节不同罢了。每个人都有优点与缺点，所以应当以己心来忖度他心，如果换成我是他，会如何如何。这样与人相处时，就能够看到对方的好，而一些小小的不如意，就会忍一忍、让一让了。

　　人生的另一种智慧是：为人处世要心胸豁达，不要计较太多，要在生活中学会"以忘记旧恶为退，以宽容过错为进"。

　　《菜根谭》有语云："人情反覆，世路崎岖。行不去处，须知退一步之法；行得去处，务加让三分之功。"大意是说，世间人情冷暖变化无常，人生的路也是崎岖不平，不如意的事情时常伴随在身边。因此当你遇到困难或前路行不通的时候，必须要明白退一步的为人之道；即使你的事业和生活都处在顺境中，没什么阻碍的时候，也不要得意忘形，应随时保持让人三分的胸襟和美德。此中所说的退和让，是让人要有一份接纳的胸怀，如同大海，能够接受大大小小的支流，不计前嫌地以博大的胸怀来包容一切。只有懂得退、让之道的人，才具有非凡的气度和成熟的思想。

在生活中学会退让，是不断反省自己、提升自己的过程，在人与人之间的交往中，它是一种可取的人生态度。因为每个人所面临的社会关系不同，与家人、朋友、同事甚至路人，在不同场合交往或接触时，总免不了会有与人意见相左的时候，这些矛盾只要不是原则性的问题，大家主动退让一步，宽以待人，少一点计较得失，这样减少矛盾，人际关系自然和谐，于人于己，都是有益身心的。这种退让的精神，可使各民族和家庭关系保持稳定，人际关系也得以和谐发展。

生活里多一点退让，生命就会多一分空间和爱心，心灵就会多一分温暖和阳光，而我们前行的路才会宽坦。也只有能够在生活中退让自如的人，才能站在云端，俯视尘世，看破三千繁华，静享清明世界。

安阳的老城路密如织，有九府十八巷七十二胡同之说。这每一个街名的背后都有一个美丽的故事，其中"仁义巷"的故事最被人们津津乐道。而这个故事，和郭朴郭阁老有关。

郭朴，安阳人，生于明正德年间。嘉靖十四年（1535）中进士，曾两任吏部尚书，兼武英殿大学士，入内阁，故又称郭阁老，又至太子太傅，后三次上疏乞归故里。郭朴为官清正，主管官员的升迁任免时，他不徇私，不畏恶，"唯以大公行之"，"以廉著"，官声颇佳。他才学过人，著述颇丰，有《学约》《四思箴》《四畏箴》《九字图说》《彰德府续志》等，时称东野先生。他为人正直豁达，不为物喜，不为己悲，能以天下为己任。

仁义巷是郭朴的祖宅所在地。当年郭家邻居建房造屋挤占了郭家一墙之地，郭家人气不过便和那家论理，一来二去闹得不可开交直至上了公堂。地方官畏惧双方都是官宦之家不敢审理，于是两家继续争执。郭家情急之下派人到京城将此事回禀已位居"宰辅"的郭朴，希望他能出面为家人"撑腰打气"。

郭阁老看完书信，心里已经明白了八九分，马上叫人研墨，写了一封回信，让人带了回去。

郭夫人一见回信，心中甚是欢喜，急忙拆开细看，只见信中写着四句诗：

千里修书只为墙，

让他三尺又何妨？

万里长城今犹在，

不见当年秦始皇。

郭夫人看罢书信，觉得还是"阁老"有修养，真是"宰相肚里能撑船"啊，于是又让家人从自己宅院的一边让出了三尺宽的地方给邻居王山使用。

再说王山，见郭家不仅不争被自己多占的地方，反而又给自己让出了三尺，很受感动，不禁想，看人家郭朴在京城做宰相，权高势重，还给咱一让再让，真是高风亮节，令人敬佩，而自己却占人家的地方，真是太不应该了。于是，他就主动把自己的墙拆了，往后退了三尺，这当中的地方便闲置起来。

后来，从这里走的人多了，便成了一条小巷。人们为了感念"郭阁老"义让宅基的品行，便给这条小巷取名叫仁义巷。

人生在世，许多时候要学会退让，纷繁复杂的社会，就如同烟波浩渺的大海，有时风平浪静，有时波涛汹涌，有的地方隐藏着暗礁，有的地方弥漫着迷雾，小小的我如汪洋中的一叶孤帆，如何才能达到光辉的彼岸？这就要审时度势，懂得进退之理，如果只知冲杀，不知退让，反而会耽误行程，使自己的目标迟迟难以实现。蔺相如不畏秦国，不辱使命，是因为他要维护赵国的利益，只有赵国强盛，才会有他的一切。所以，他选择了进；廉颇与他争锋，将相失和，会使赵国内乱，给对手以可乘之机，如果对手借此灭了赵国，则他的名誉、地位等一切都将不复存在，此时，他选择了退。这一进一退间，表现出的不仅仅是博大的胸怀，更重要的是非凡的智慧。

·002·
前进，不争眼前利益得失

不争，是一种胸襟，一种对人生更远大的追求，更显出一种大智慧。

竞争是当今社会的主流，是经济和社会进步的催化剂。国家与民族之间通过竞争不断增强自身的政治、经济及文化水平，提高人民的生活水平，提高综合国力；企业之间通过竞争，求生存求发展，创造更多的价值；人与人之间通过竞争，共同进步，不断求得对自身的超越。竞争已成为社会生活的重要部分，没有竞争就没有发展。

竞争可以克服惰性；竞争让人们满怀希望，朝气蓬勃；竞争促进社会的进步和发展。但是，竞争也容易使人在长期的紧张生活中产生焦虑，出现心理失衡、情绪紊乱、身心疲劳等问题。要把握好竞争的"度"，让它成为前进的动力而不是包袱。

《老子》："上善若水。水善利万物而不争，处众人之所恶，故几于道。居善地，心善渊，与善仁，言善信，政善治，事善能，动善时。夫唯不争，故无尤。"意思是说最高等的品德就如同水一样，因为水能无私地滋润万物，但不与万物争名夺利，水总是能心甘情愿地处在众人所厌恶的低下之地而无怨无悔。老子希望人们应该安于自己所处的地位，心像深渊一样清静，以友善之心与人交往，说话言而有信，按自然法则处理事务，做力所能及的事情，善于把握行动的时机。只有具备了这种与世无争的态度，才不会犯什么过错。

如今的我们都处在一个竞争的社会，每个人都不可能与竞争脱离开来，我们需要在竞争中实现自己。那么，老子强调"不争"，强调"居众人之所恶"，难道是自甘平庸、自甘堕落？非也！老子所说的"不争"，并不是放弃竞争，而是"不争之争"，这是一种追求卓越的良性竞争。

不争之争，实际上是一种立足于长远的牺牲或退让，为了长远的发展，而牺牲眼前的利益，俗语称这叫以退为进，实际上，有的后退是为了前进，这个理很多人明白，但却做不到，做不到明白也是白明白。因为，不是所有人都能够拥有智慧，不是所有人都能够主动建立这样一个环境。

其实真正讲明白不争之争道理的是老子。不争之所以难，是因为人很难摆脱眼前利益的诱惑，欲望一旦不被控制便会蒙蔽人的双眼，让其变得不肯退让，不争基本上就会成为一种奢望。老子说，自胜者强，胜不了自己就强不了哪去，所以，那些不贪图眼前利益的人以后胜了，贪图眼前利益的人以后输了。

我们看，人不是不争，而是要光明磊落地争，不贪图眼前利益，为了更长远的自我发展而争。

任君原来只是一家股份制企业的普通员工，几年前同事们谁都没把他放在眼里，可就是这样一个不起眼的人，却连连升迁，几乎跌破众人的眼镜。

想当初，他应聘时，连薪酬都不提。进入岗位后，遇到别人不愿干的工作也总是他痛痛快快地接过来。别人都说他傻，可他却认为，做得多也是为了公司。在同事们的印象中，他沉默寡言，却雷厉风行。

两三年过去了，任君工作很努力，但仍属中游，他还是那样不争、不要、不急、不躁。

一年前，公司筹备成立一家控股子公司，上面的领导希望在公司内部提拔一个人来管理。一时间，人们闻风而动，许多人八仙过海，各显神通，都想抢到这一肥缺。最初，领导想让总经理的亲信孟凡坐这个位置。但孟凡平日仅靠一张嘴，巴结领导却不爱干活。上面的领导左右权衡下来，最终还是决定让任君来挑这个大梁。这主要是因为，领导觉得任君工作能力强且为人不急不躁，比那些精于算计、钩心斗角的人用起来更放心。再加上他早来晚归的工作态度也给上面某些领导留下了深刻印象，所以就定下了他。

如今的任君已坐到了副总的位子上，成为公司举足轻重的人物。

所以，不争者，反倒是笑到最后的那个人。不争，是一种胸襟，一种对人生更远大的追求，更显出一种大智慧；不争，也会有自己的世界。

·003·
进时先规划，退时不贪心

人们在做事时，要先做好规划，这样才能做到心中有数，而不是不顾后果的盲目去闯。

《礼记·中庸》中说："凡事预则立，不预则废。"意思是说，不论做什么事，事先有准备，就能得到成功，不然就会失败。在这里强调了做事之前先制定一个切实可行的计划的重要性。事实上，做事有计划对于一个人来说，不仅是一种做事的习惯，更重要的是反映了他的做事态度，是能否取得成就的重要因素。

有一个商人，在小镇上做了十几年的生意，到后来，他竟然失败了。当一位债主跑来向他要债的时候，这位可怜的商人正在思考他失败的原因。

商人问债主："我为什么会失败呢？难道是我对顾客不热情、不客气吗？"

债主说："也许事情并没有你想象的那么可怕，你不是还有许多资产吗？你完全可以再从头做起！"

"什么？再从头做起？"商人有些生气。

"是的，你应该把你目前经营的情况列在一张资产负债表上，好好清算一下，然后再从头做起。"债主好意劝道。

"你的意思是要我把所有的资产和负债项目详细核算一下，列出一张表格吗？是要把门面、地板、桌椅、橱柜、窗户都重新洗刷、油漆一下，重新开张吗？"商人有些纳闷。

"是的，你现在最需要的就是按你的计划去办事。"债主坚定地说道。

"事实上，这些事情我早在15年前就想做了，但是一直没有去做。也许你说的是对的。"商人喃喃自语道。后来，他确实按债主的主意去做了，在晚年的时候，他的生意成功了！

记得培根有这样一句名言："敏捷而有效率地工作，就要善于安排工作的次序，分配时间和选择要点。只是要注意这种分配不可过于细密琐碎，善于选择要点就意味着节约时间，而不得要领地瞎忙等于乱放空炮。"做事没有计划、没有条理的人，无论从事哪一行都不可能取得成绩。

"凡事预则立，不预则废"，用来指导我们今天的行动，是很有道理的，有了一个既定的方针和目标，且做事始终围绕着这个方针和目标，一步一个脚印儿地走下去，成功的把握就会很大。

涉身职场的人们，拾级而上也许还不会让人们满足，因为前面还有更高的职位和权利；打拼生意，步步皆赢不能止息人们的欲望，因为始终相信下一单总是最好的；踏进股海，步步掘金无法阻止人们靠近诱惑，因为谁都想站在最高的峰顶！职场有沉浮，生意有成败，股海有涨跌，人们义无反顾，人们竭尽全力，人们的终极目标就是各种利益的最大化！可人们总是有意无意地忽视了些什么，或者是忽视了某些规律，你被回击的力不能比你打出去的力更重。你只能得到你付出的。你不能触摸任何东西，而不被这个东西所触摸。

人总是贪婪的，非要等到最后的落幕，方觉意兴阑珊。一番苦苦挣扎，未果，总要傻傻地问自己：怎么会是如此的潦草收场？可是，又为什么不能是这样潦草的结局呢？虽皆不舍，可毕竟你所渴望的美好不复存在。

一位富翁在散步时把狗弄丢了，于是他急匆匆地在电视台发了一则启事：有狗丢失，归还者，付酬金1万元。同时还发布了几张小狗的彩色照片。送狗者络绎不绝，但都不是富翁家的那只。

富翁的太太说，肯定是真正的捡狗人嫌给的钱太少，那可是一只纯正的爱尔兰名犬。于是富翁把酬金改为2万元。富翁的那只狗，被一位在公园躺椅上打盹的乞丐捡到了。

乞丐看到广告后，第二天一大早就抱着狗准备去领赏金。当他经过一家大百货商场的墙体电视屏幕时，又看到了那则启事，不过赏金已变成了3万元。乞丐又折回他的破屋，把狗重新拴起来。

第四天，乞丐再到百货商场，发现悬赏的金额涨到了4万元。在接下来的9天时间里，乞丐从没有离开过商场的大屏幕，当酬金涨到使全城的市民都感到惊讶的10万元时，乞丐返回了他的住处。他想，就凭这笔赏金，足可以痛快地生活好几年。

可是，当他跨进家门时，看见那只狗已经饿死了。

有人曾说过这样一句话："人，应该学会见好就收。""见好就收"并不见得有多大的智慧在里面，但它似乎是在暗示人们生活本身就需要一种进退有序、得失莫计的超然。现实和梦想之间是有着人们难以把握的张力的，这种张力往往强硬得让人们手足无措、患得患失，一不小心的固执，就滑入了万劫不复的深渊。

· 004 ·
进退与荣辱无关，不必介怀

太在意外界加在自己身上的荣辱，实际上是一种自我陶醉与自我折磨。所谓的宠辱，更多的时候是心灵对外界的一种错误感应。其实正确感应的强烈程度也取决于你的承受能力——可以轻轻放下，同时也可以重重地托起！

《幽窗小记》当中有这么一副对联：宠辱不惊，看庭前花开花落；去留无意，望天空云卷云舒。一幅寥寥数语的对联，却深刻地道出了人生对事对物、对名对利所应该具有的态度：得之不喜、失之不忧、宠辱不惊、去留无意。做到了如此才能够心境平和、淡泊自然。一个"看庭前"三字，大有躲进小楼成一统，管他春夏与秋冬之意，而"望天空"三字则又显示了放大眼光，不与他人一般见识的博大情怀；一句云卷云舒则更有大丈夫能屈能伸的崇高境界。

范仲淹是北宋一个著名的政治家，"庆历新政"的代表人物。正因为他谨守"先天下之忧而忧，后天下之乐而乐"的人生宗旨，因此在当他被贬谪邓州之时，能够做到从容处之，做到"心旷神怡，宠辱偕忘，把酒临风，其喜洋洋"。从范老夫子的这句话里，不难窥见那种自尊自强的人格魅力，那种淡泊名利的洒脱与机智。

宠辱不惊，需要我们有"不以物喜，不以己悲"的胸怀。这个世界越来越成为以结果为导向的社会，个人的成就越来越与客观得到的名和利直接挂钩，而非主观自我欣赏之类。对社会的贡献价值会直接与得到的名利挂钩。得到的已经得到了，人的满足感、成就感基本来自于刚刚获得的财富增加，名利增加，也就是增量部分才能给你实在的好感受；若是没有了增量，那么人的满足感和成就感就会日渐减少。

每个人在看到自己弱点或是失败的时候往往会很沮丧，甚至带着消极的情绪。失败，失利，失望……一个个外物的离开，让自己痛苦不已，这就难以做到不以己悲。其实，当前的悲，不能说明太多的东西，只能说明，这个东西没有了。但，我们还是我们，还是要继续生活，往前走。

宠辱不惊，可谓是一门人类生活当中的艺术，同时还更是一种明智的处世智慧。人生在世，生活当中有褒有贬，有毁有誉，有荣有辱，这是人生的寻常际遇，无足为奇。古人云：君子坦荡荡。为君子者，宠亦坦然，辱亦坦然，豁达大度，一笑置之。得人信宠时勿轻狂，千万不要忘记"贺者在门，吊者在闾"；受人侮辱的时候切忌激愤，犹记"吊者在门，贺者在闾"。如此清醒地去面对，就不难达到"不以物喜，不以己悲"的思想境界。做到这样境界的人就能够从容地面对生活和事业的种种考验与磨难，就一定会实现人生的理想。古往今来万千事实证明，对于所有那些事业有所就的人们没有一个不具有"宠辱不惊"这种极其可贵的品格。

在19世纪的中叶时期，美国的实业家菲尔德率领着他的船员和工程师们，利用海底电缆把"欧美两个大陆联结起来"。菲尔德从此以后便被誉为"两个世界的统一者"，一举而成为美国最光荣、最受尊敬的英雄。

可是却因技术故障，刚接通的电缆传送信号便中断，这样在顷刻之间，人们的赞辞颂语骤然之间便变成了愤怒的狂涛，纷纷指责菲尔德是"骗子"。面对如此悬殊的宠辱逆差，菲尔德泰然自若，一如既往地坚持自己的事业。

经过 6 年努力，海底的电缆最终成功地架起了欧美大陆的信息之桥。宠也自然，辱也自在，勇往直前，否极泰来，菲尔德之所以成了菲尔德，原因也就基于此。

其实，人生在世，大可没有必要把别人的态度太当作一回事，不必因上司的一个声色"口将言而嗫嚅"，也不必因老板的一个眼神"足将进而趑趄"。如果你因失宠于某人而自暴自弃，或者因受辱于某人而自怨自艾，甚或由此而做出种种极端的举动，其目光是否太短浅了些，胸怀是否太狭隘些了呢？为人处世，对于任何事情都应当拿得起，放得下，想得开。每临荣辱有静气，如果达到了这种境界，人的精神天地才能够豁然开朗，气象万千，生机勃发，情趣盎然。

在"二战"之后，以色列建立了国家，人们便开始推举爱因斯坦做国家总理。当总理——在这熙熙皆为利来攘攘皆为利去的滚滚红尘中，是世间多少人梦寐以求却求而不得的事情！然而爱因斯坦却坦然地拒绝了，那样的拒绝是智者平静如水的拒绝。在社会如此发达的今天，当我们想到他在科学上的巨大建树的时候，就会首先想到的是这位科学巨人面对镶满宝石的王冠轻轻摇动的一只手。

出生为人，不可避免的都要经历生老病死。人生不如意事十有八九，如果没有心静如水的定力，就会经常心生浮躁，患得患失。有些人因为得到了一些物质的财富就欢天喜地，高兴得手舞足蹈；而在失去一些东西时则会痛哭流涕，情绪一落千丈。面对人生的坎坷曲折、生活的艰难困苦，倘若心为物役，人生的大半就会在悲观的心情中窒息心智，难以感受到生命的乐趣。

一个人如果不懂得节欲，穷其一生也就只能是一个私欲不断产生和满足的过程而已。"不以物喜，不以己悲"，这是中国传统文化思想中的一种境界，也是古人修身养性时的一个道德标准。古人云："心为形所累。"人的欲望越大，生活的压力也必定随之增大，人生中如果能少一点欲望，就会多一份轻松与洒脱。

<h2>·005·</h2>

退后，有时也是一种前进

"退"并不是一味消极退让。对力所能及的事，遇到困难就畏缩不前，这种退不可取。因此，退什么，怎么退，何时退，要具体情况具体分析。面对不可能实现的目标，暂时的退，是为了再次前行积蓄力量，这种退是保存实力，是明智的退。

生活中，人们常常赋予前进以"智慧"的桂冠，而常常把后退拴上懦弱、蠢笨的铁链。的确，前进代表着昂扬、积极、向上的人生，面对艰难困苦勇往直前，面对恃强凌弱绝不退缩，面对暴风雨的来临临危不惧。人生中确实需要"前进"，但后退，就一定就代表懦弱、蠢笨、落后么？面对咄咄逼人的争辩，不去斤斤计较；面对他人不小的失误，要心胸宽广……人生中也应当有这样的"后退"。

在公元前 209 年，秦末农民起义爆发，陈胜、吴广攻占陈（现在河南淮阳）后，建立了"张楚"政权，各地纷纷起义响应。刘邦在沛县斩蛇起义，项羽和叔叔项梁在吴中起兵，兵力很快达到了近万人。后来陈胜被车夫庄贾杀死后，项梁便拥立了楚怀王的孙子做了楚王，定都盱眙（现在江苏盱眙）。同时楚怀王和众将约定：谁先入定关中谁就做天下之王。

结果刘邦率领起义军率先进入咸阳城，以"关中王"自居。征战了半辈子的刘邦十分留恋豪华的宫殿以及众多的美女和财宝，准备在阿房宫长久地住下来好好享受享受。他手下大将樊哙劝他天下还没有平定，别忘了秦的前车之鉴。可是刘邦怎么也听不进去，直到张良亲自来劝，他才恋恋不舍地将军队撤退到了灞上。这段话在《汉书》里只有寥寥的几句，原文是："（刘邦）遂西入咸阳。欲止宫休舍，樊哙、张良谏，乃封秦重宝财物府库，还军灞上。"

就这样，刘邦和项羽开始了长达四年之久的楚汉战争，最后刘邦彻底地打败了项羽，夺取了天下，建立了大汉帝国。

进与退紧密联系、互相转化。退中有进，进中有退；进时当思退，退时当思进。该进时则进，否则会错失良机；该退时一定要退，否则就可能前功尽弃。进有高度，退有分寸。科学的进，是脚踏实地、符合事物发展规律的循序渐进。如果失去理智，偏离科学方向，进就会变成冒进。退，往往是为了更好地前进。只有处理好进与退的关系，才能在人生的路上游刃有余，进亦不喜，退亦不忧。如何对待进与退，反映着一个人的思想境界和精神追求。

一位只有 5 岁的小男孩跟着他的父亲走在加拿大安大略省一条乡间小路上，前面有一个半米宽的水沟，父亲虽然挑着沉重的担子，但他还是轻松地跨了过去，可是尾随在后面的小男孩却并不能做到，他站在水沟边看着顾自往前走的父亲，急得哭了起来。

"怎么了？快点跟上！"他的父亲喝斥着说。

"我跨不过去！"小男孩委屈地说。

如果父亲也是空手的话，或许他会走过去将那小男孩一把拎过来，但此刻他身上挑着担子，所以并不愿意走回头路。"你确定跨不过去？"父亲这样问。

"是的，我跨不过去！"小男孩急得快要哭起来了！

确实，对于一个5岁的孩子来说，那个半米宽的缺口确实不是能够轻易跨过去的。父亲看着站在水沟旁束手无策的儿子说："你后退几步，然后再用力往前冲，这样就一定能跳过来了！"

小男孩照做，往后退了几步，然后奋力往前冲去再奋力一跳，果然成功地跳过了水沟，稳稳落在地上！

等这位小男孩稍长大一些后，他梦想着有朝一日能进入位于美国加利福尼亚一所非常不错的大学里去读书，然而在他念高中二年级的时候，却突然生了一场大病，那场病几乎耽误了他两个月的学习时间，等返回到学校的时候，他发现自己的功课已经糟糕透了，甚至在课堂上都完全听不明白老师到底在讲些什么。他再也没有斗志学习，在学期还没有结束就悄悄溜回了家！

"怎么了？为什么现在回来？"他的父亲问他。

"我不可能凭这样的成绩实现我的理想，我不想读书了！"他说。

如果他的父亲有足够丰富的知识，或许愿意为孩子补上几堂课，但是他只是一个很普通的工人，根本无法为孩子补课。"你确定再也无法取得好成绩了？"父亲这样问他。

"是的，我再也无法取得好成绩。"他沮丧极了。

"拖了两个月，你确实很难把功课赶上去，但我更相信放弃并不是最好的办法！与其放弃，不如干脆后退一年，等明年重新再读一个二年级！"他的父亲替他拿下了主意。那之后，中学生就在家里，尽量多复习以前学过的功课，在第二年回到了学校里去，这样一来，他虽然倒退了一年，但是他的成绩却更加优异了，轻轻松松地就考上他梦想中的那所大学。

　　相对于人人都想的"进"，"退"更是一种生存智慧和处世哲学。在动物世界里，狮虎的藏露进退之功，是为了猎获对象或保护自己。这个道理在人际间也适用。有的人只知道乘胜追击，不知道退一步再向前。这会使自己身心疲惫，也很难实现成功。应当懂得，成功的目标往往不是最有价值的那个，而是最有可能实现的那个。

第十章 对自我的迷失：

清空它，活出真实的自己

人最难得的是对自己的清醒认识，但很多人还都处于自我的迷失中：他们不清楚自己，遇到问题更多的是抱怨他人，将生活的负累视为珍宝，将生活的重心放在过去和未来……人要活出自己，世界才能找到你。将自我的迷失清空，让自己活得更明白。

·001·
认识真实的自己，这很难得

《老子》里写道：知人者智，自知者明。一个人如果能够有自知之明，就能在复杂的人和事面前保持自己独有的明智，就不会做出离谱的事。

自知，就是要知道自己、了解自己。常言道："人贵有自知之明。"把人的自知称之为"贵"，可见人是多么不容易自知；把自知称之为"明"，又可见自知是一个人智慧的体现。人之不自知，正如"目不见睫"——人的眼睛可以看见百步以外的东西，却看不见自己的睫毛。

人贵有自知之明。孔子问子贡："你和颜回哪一个强？"子贡答道："我怎么敢和颜回相比？他能够以一知十；我听到一件事，只能知道两件事。"子贡的自知是明智，子贡的从容更是胸怀博大。他虽不及颜回闻一而知十，但却以其独特的人格魅力传之千古。

自以为自知同真正自知不同，自以为了解自己是大多数人容易犯的毛病，真正了解自己是少数人的明智。人生如秤：对自己的评价秤轻了容易自卑，秤重了又容易自大；只有秤准了，才能实事求是、恰如其分地感知自我，完善自我，对自己了然于心，知道自己能吃几碗干饭，有几许价值，才能做到自知之明。

可现实中人们常常过于自信和自重，总觉得高人一等，办事忽左忽右，不知轻重，而造成不必要的尴尬和悲剧。当然也有秤轻自己的人，其表现为往往自轻和自贱，多萎靡少进取，总以为自不如人，自惭形秽，而经常处于无限的悲苦之中。

"知"既包括认知的过程，又包括认知的结果。"知人"的主体是自己，是主体；"知人"的对象是别人，是客体。所以"知人"就是主体认知客体，自我认知他人。俗话说人心隔肚皮，要真正了解别人的内心是不容易的。但比较起来，"自知"更难，自知是自己认知自己、主体认知主体。苏东坡有诗曰："不识庐山真面目，只缘身在此山中。"自己认知自己往往带有自我喜好、情绪乃至价值观，所以往往容易片面甚至错误。其实"知人"和"自知"并不是截然分开的。"知人"的基础就是"自知"，如果不了解自我，那么去观察认知别人往往也是不准确的。

只有真正了解自己的长处和短处，避己所短，扬己所长，才能对自己的人生坐标进行准确定位。当你认识到自己的不足之时，也就是进步的开始。

齐威王的相国邹忌长得相貌堂堂，身高八尺，体格魁梧，十分漂亮。与邹忌同住一城的徐公也长得一表人才，是齐国有名的美男子。

一天早晨，邹忌起床后，穿好衣服戴好帽子，他信步走到镜子面前仔细端详全身的装束和自己的模样。他觉得自己长得的确与众不同、高人一等，于是随口问妻子说："你看，我跟城北的徐公比起来，谁更漂亮？"

他的妻子走上前去，一边帮他整理衣襟，一边回答说："您长得多漂亮啊，那徐先生怎么能跟您比呢？"

邹忌心里不大相信，因为住在城北的徐公是大家公认的美男子，自己恐怕还比不上他，所以他又问他的妾，说："我和城北徐公相比，谁漂亮些呢？"

他的妾连忙说："大人您比徐先生漂亮多了，他哪能和大人相比呢？"

第二天，有位客人来访，邹忌陪他坐着聊天，想起昨天的事，就顺便又问客人说："您看我和城北徐公相比，谁漂亮？"客人毫不犹豫地说："徐先生比不上您，您比他漂亮多了。"

邹忌如此做了三次调查，大家一致都认为他比徐公漂亮。可是邹忌是个有头脑的人，并没有就此沾沾自喜，也没有认为自己真的比徐公漂亮。

恰巧过了一天，城北徐公到邹忌家登门拜访。邹忌第一眼就被徐公那气宇轩昂、光彩照人的形象怔住了。两人交谈的时候，邹忌不住地打量着徐公。他自觉自己长得确实不如徐公。为了证实这一结论，他偷偷从镜子里面看看自己，再调过头来瞧瞧徐公，结果更觉得自己长得比徐公差。

晚上，邹忌躺在床上，反复地思考着这件事。既然自己长得不如徐公，为什么妻、妾和那个客人却都说自己比徐公漂亮呢？想到最后，他总算找到了问题的结论。邹忌自言自语地说："原来这些人都是在恭维我啊！妻子说我美，是因为偏爱我；妾说我美，是因为害怕我；客人说我美，是因为有求于我。看起来，我是受了身边人的恭维赞扬而认不清真正的自我了。"

· 002 ·
用自我反省取代怨天尤人

面对不如意，怨天尤人不仅不能改变什么，而且会让自己身陷在怨天尤人中无法自拔。在不如意面前，适度的自我反省才能让你看清问题的实质所在，进而找到解决问题的方法。

人的一生，就像一趟旅行，沿途中有数不尽的坎坷泥泞，但也有看不完的春花秋月。如果一颗心总是被灰暗的风尘覆盖，干涸了心泉、黯淡了目光、失去了生机、丧失了斗志，人生岂能美好？而如果能保持一种健康向上的心态，即使身处逆境、四面楚歌，也一定会有"山重水复疑无路，柳暗花明又一村"的那一天。

古语云：正己而不求于人，则无怨。上不怨天，下不尤人。怨天尤人者，抱怨过去受到的伤害，就给未来的伤害创造了机会。想寻求别人的支持和帮助，得到的只能是轻蔑和嘲笑。

怨天尤人的人总认为自己是强者，只有自己才是对的。所有的怀才不遇是社会对他太不公平，是人们没有对他进行公正的评价。遇到不如意的事，他要抱怨一番；遇到困难，他又要抱怨一番。喜欢抱怨的人，总能找到借口，为自己进行开脱。但是他们在抱怨之后非但不轻松，心情往往更糟。

现实生活和工作中，经常能看到或遇到这样的事情：某一项工作、事情出现了失误，当事人在需要说明情况时，或推脱推诿，或寻找客观原因，很少从自身查找原因。自己需要完成的某项工作，在没有达到目的和完美时，自己也会原谅自己：别人也许还做不到这样呢。所有的失败都是为成功做准备。

一旦出现事故则"怨天尤人"，却从不"正己"。正己就是反省，看看自己错在哪里，如何避免。固然，一件事情和工作的成功与失败，不能武断的确认是内因或外因起决定因素的；然而"正己"和"怨天尤人"却有着态度和责任上的本质区别。

"正己"是站在主观的立场上来承担责任进行反省的：既然负责这项工作了，就要勇于承担责任，工作的好与坏、成与败，都要负责；而"怨天尤人"则有旁观者之嫌了。

"正己"是从自身寻找原因，而后加以改正去完成；而"怨天尤人"则把原因推给也许有原因也许没有原因、也许原因大也许原因小的其他人，能不能改正、什么时候能改正也不是自己的问题了。其实缺点和不足都是客观存在的，就像窗户上的玻璃，总会沾染上灰尘，只有"时时勤拂拭"，才能保持明亮光洁。而回避问题，只会留下隐患，妨碍自己的进步。所以，我们不可以陶醉于成绩，更不可以文过饰非。

自省是认识自己、改正错误、提高自己的有效途径，自省使人格不断趋于完善，让人走向成熟。只有善于发现并且敢于承认自己的过失，才可以进一步纠正过失。人往往看不到自己的短处，很多缺点都是通过旁人的指出才得以知道。这就要求我们有一颗平常心来对待别人善意的规劝和指责，反省自己的过失。俗话说"忠言逆耳利于行"，那些逆耳忠言常常能照亮我们不易察觉的另一面，使人更快地进步。

日本保险业泰斗原一平在 27 岁时进入日本明治保险公司开始推销生涯。当时，他穷得连中餐都吃不起，并夜夜露宿公园。

有一天，他向一位老人推销保险，等他详细地说明之后，老人平静地说："听完你的介绍之后，丝毫引不起我投保的意愿。"

老人注视原一平良久，接着又说："人与人之间，像这样相对而坐的，一定要具备一种强烈的吸引对方的魅力，如果你做不到这一点，将来就没什么前途可言了。"原一平哑口无言，冷汗直流。

老人又说："年轻人，先努力改造自己吧！"

"改造自己？"

"是的，要改造自己首先必须认识自己，你知不知道自己的不足之处在哪里呢？"

老人又说："你在替别人考虑保险之前，必须先考虑自己，认识自己。"

"考虑自己？认识自己？"

"是的！赤裸裸地注视自己，毫无保留地彻底反省，然后才能发现自己的不足。"

原一平接受了老人的教诲，他策划了一个"批评原一平"的集会。集会的目的是让别人能坦率地批评自己，所以他确定了下列三项原则：一是集会要使人人都能畅所欲言，所以人数不能多，以五人为限。二是为了要让更多的人都有批评的机会，每次邀请的对象不能相同。三是既然是他主动邀请别人来的，别人就都是他的贵宾，一定要热诚地招待他们。

一切准备好之后，他立刻去拜访几个关系较好的投保户，他诚恳地对他们说："我才疏学浅，又没有上过大学，因此连如何反省都不会，所以我决定召开原一平批评会，恳请您抽空参加，对我的缺点加以指正。"这些人觉得这种性质的集会很有意思，都很痛快地答应了。

原一平把大家提出的宝贵意见都一一记下来，随时反省自己。随着批评会的定期举行，他发觉自己就像一条蚕正在"蜕变"。每一次的"批评会"，他都有被剥一层皮的感觉。经过一次又一次的"批评会"，他把身上一层又一层的劣根剥了下来。随着他把身上一层又一层的劣根剥了下来，他逐渐进步、成长。他把在"批评会"上获得的改进用在每天的推销工作中，业绩直线上升。

《礼记·乐记》有云："好恶无节于内，知诱于外，不能反躬，天理灭矣。"这就是反躬自省的最早出处，意思就是说，回过头来检查自己的言行得失。其目的就是要通过自我反省随时了解、认识自己的思想、情绪与态度，从而弥补短处，纠正过失，不断完善自我。这是积极追求进步的一种表现。一个人如果不懂自省，他就看不见自己的问题，更不会有自救的愿望。做人，与其低着头埋怨错误，不如昂起头纠正错误。自省是一种智慧，是一种力量，自省可以改变一个人的命运和机缘，自省能使人达到更高的境界。

·003·
越能放下，越快乐

人生在世，总是带着行囊前进。财富，名声……在追求的过程中承受种种外部的压力，更要面对自己内心的困惑。要想轻松前行，不妨时时检视自己的行囊，丢掉那些役心之物。

当我们毫不犹豫地将交通工具异化为身价的砝码，当我们推波助澜地助长"房子崇拜"，当我们变本加厉地加码孩子教育，是否想过，这当中也折射了我们内心隐秘的欲望：房子成为房奴"征服"城市的象征，孩子承载了"孩奴"对成功的渴求。物质的洪流漫过心灵的堤防，使得我们忘记了仰望星空，忘记了默观内心，忘记了幸福感真正的来源。

物质成了幸福的唯一来源，也成了衡量幸福的唯一标准。物质财富代表一切，甚至是社会地位的象征、精神生活的依托，科学被工具化、艺术被商业化、情感被功利化。

很久以前看过一则故事，讲的是圣诞节之际，一户穷人没有什么钱过节，于是夫妇俩就教孩子们唱歌。住在楼上的富翁听到他们快乐的歌声，孤单的自己却不快乐，所以就拎了一袋子钱给穷人，条件是他们不许再唱歌。

穷人答应了富翁，接过钱却总担心会丢掉，东藏西藏也找不到好的地方放。孩子们不能再唱歌，一个个面面相觑，家庭里的气氛顿时变得冷清寂寥，穷人家也变得不快乐了。

不久，富翁听到外面有人敲门，打开门一看却是那个穷人。穷人把钱袋递给富翁："先生，我们不能答应您的要求。"于是，穷人的家里重新响起了孩子们欢快的歌声。

亚里士多德说："幸福还是不幸福，取决于人的自我灵魂。"这是对渴望幸福的人们一种有益的提醒。人的幸福感，既要靠社会创造的各种"发生条件"，也有赖个人内心的积极营造。其实，让我们心灵受累的，何止物质？一些消极的情绪，错误的观念，解不开的情结，总会影响我们的生活。学会面对，学会放下，才能收获一份幸福和轻松。

放下压力

心灵的房间，不打扫就会落满灰尘。蒙尘的心，会变得灰色和迷茫。

我们每天都要经历很多事情，开心的、不开心的，都在心里安家落户。心里的事情一多，就会变得杂乱无序，然后心也跟着乱起来。有些痛苦的情绪和不愉快的记忆，如果充斥在心里，就会使人萎靡不振。所以，扫地除尘，能够使黯然的心变得亮堂；把事情理清楚，才能告别烦乱；把一些无谓的痛苦扔掉，快乐就有了更多更大的空间。

紧紧抓住不快乐的理由，无视快乐的理由，就是你总是觉得难受的原因了。

放下烦恼

所谓练习微笑，不是机械地挪动你的面部表情，而是努力地改变你的心态，调节你的心情。学会平静地接受现实，学会对自己说声顺其自然，学会坦然地面对厄运，学会积极地看待人生，学会凡事都往好处想。这样，阳光就会照耀进心里来，驱走恐惧，驱走黑暗，驱走所有的阴霾。快乐其实很简单，不要自己不快乐就可以了。

放下自卑

把"自卑"二字从你的字典里删去吧！不是每个人都可以成为伟人，但每个人都可以成为内心强大的人。内心的强大，能够稀释一切痛苦和哀愁；内心的强大，能够有效地弥补你外在的不足；内心的强大，能够让你无所畏惧地走在大路上，让自己的思想高过所有的建筑和山峰！

相信自己，找准自己的位置，你同样可以拥有一个有价值的人生。

放下懒惰

不要一味地羡慕人家的绝活与绝招，通过恒久的努力，你也完全可以拥有。因为，把一个简单的动作练到出神入化，就是绝招；把一件平凡的小事做到炉火纯青，就是绝活。提醒自己，记住自己的提醒，上进的你，快乐的你，健康的你，善良的你，一定会有一个灿烂的人生。

放下消极

如果你想成为一个成功的人，那么，请为"最好的自己"加油吧，让积极打败消极，让高尚打败鄙陋，让真诚打败虚伪，让宽容打败褊狭，让快乐打败忧郁，让勤奋打败懒惰，让坚强打败脆弱，让伟大打败猥琐……只要你愿意，你完全可以一辈子都做最好的自己。没有谁能够左右胜负，除了你。自己的战争，你就是运筹帷幄的将军！不是所有的梦想都能成为美好的现实，但美丽的梦想同样可以装点出生活的美丽。

放下抱怨

所有的失败都是为成功做准备。抱怨和泄气，只能阻碍成功向自己走来的步伐。放下抱怨，心平气和地接受失败，无疑是智者的姿态。

抱怨无法改变现状，拼搏才能带来希望。真的金子，只要自己不把自己埋没，只要一心想着闪光，就总有闪光的那一天。纵观古今中外，很多人生的奇迹，都是那些最初拿了一手坏牌的人创造的。不要总是烦恼地生活，也不要总以为生活辜负了你什么，其实，你跟别人拥有的一样多。

放下犹豫

认准了的事情，不要优柔寡断；选准了一个方向，就只管上路，不要回头。机遇就像闪电，只有快速果断才能将它捕获。

立即行动是所有成功人士共同的特质。如果你有什么好的想法，那就立即行动吧；如果你遇到了一个好的机遇，那就立即抓住吧。立即行动，成功无限！

有些人是必须忘记的，有些事是用来反省的，有些东西是不能不清理的。该放手时就放手，你才可以腾出手来，抓住原本属于你的快乐和幸福！

有些事情是不能等待的，一时的犹豫，留下的将是永远的遗憾！

放下狭隘

宽容是一种美德。宽容别人，其实也是给自己的心灵让路。只有在宽容的世界里，人，才能奏出和谐的生命之歌！

要想没有偏见，就要创造一个宽容的社会。要想根除偏见，就要首先根除狭隘的思想。只有远离偏见，才有人内心的和谐，人与人的和谐，人与社会的和谐。

我们不但要自己快乐，还要把自己的快乐分享给朋友、家人甚至素不相识的陌生人。因为分享快乐本身就是一种快乐，一种更高境界的快乐。

卸掉那些刻意的强求，知足自然常乐。

知足与快乐相关，因为知足后心境才能平和，待人才能真诚，微笑才能自然。虽然一日三餐清茶淡饭，也能够享受生命的天伦之乐。这种人生境界是整日泡在荣华富贵之中，而又永远没有满足感的人所无法想象的。

在现实生活中，许多不同的人往往却做着同样的事情，即使大家都很努力，但结果往往却大不相同。成功者说：这是对我付出的应得的回报；失败者说：为什么命运如此不公，厄运又降到了我的头上！百思不得其解，在失败的阴影里徘徊，在失败的痛苦中消沉，也许就在这个时候错过了一个又一个的时机。

宇宙万物，任何事物都有它的玄机，生老病死、贫贱富贵，太多事、太多时候是人力所不可及的，与其怨天尤人，在痛苦思索中消亡，不如找到一个好的方法尽快地解脱自己、解脱痛苦，也许命运从此会有转机。相信命运、相信缘分、随遇而安，反映出一种理性的成熟，是一种长期生活阅历的沉积和对人生的感悟。

一位哲人曾说过，人生苦恼的最根本原因就在于，每个个体因为它需要的多样性，与满足其需要的能力的有限性形成了矛盾。这种矛盾是人生的矛盾焦点，这种矛盾存在于每个个体的身上，只不过有些人的矛盾会表现得更突出、更尖锐、更激化。

人们的苦恼也来源于自身的欲望。有欲望、有需要并没有什么错。人的这种非自足性、非完满性会激发人的斗志，让人奋发图强，推动社会向前发展。可很多人错就错在明明对自己的现实生活不满，不断地追求、索二元取，以为这样就能获得快乐。

名利好像是一双鞋子，里面是不是舒服，只有脚趾头才会明白。有时候外面看着羡慕人，里面却正经受着痛苦的煎熬，这时，倒不如把鞋子脱了，让脚趾头解放出来来得痛快。

名有好恶之分。有人为了出名，不惜干为人不齿的事情，得了恶名，也算成了名人，也有人欺世盗名暂时赢得了美誉，但终究也会被人识别，到头来反而落人笑柄。利则相对要复杂些，因为利本身并无好恶之分。评价利的好恶，在于得到利的过程。有人默默无闻埋头苦干，或凭自己的辛劳劳作，或凭自己的聪明才智，得了利，则其得之为当之无愧。也有人不择手段，玩人于股掌之上，得利虽则超额，但有可能于自己的良心不安，惶惶不可终日，过日子并不安稳。

说到底，名和利是付出的回报。只要舍得付出，名利必然会回报于人。只是，人要正确对待名利，超出自己承受力的名利，到头来反而会害了自己。世上的好东西太多了，但"任凭弱水三千，我只取一瓢饮"。名亦好，利亦好，基本能过得去就行。

知足者当然知命，绝不贪得无厌，知道什么都要适可而止，见好就收。所谓认命，就是承认和接受现实，绝不进行抗争。所以一切不幸和苦难对知足者来说，都是一种必然，没有什么必要去痛哭流涕。知足常乐，这说明人获得满足和快乐并不那么困难，关键取决于人的精神状况。就这一点来说，所谓幸福的内涵是很难确定的，美国的一个百万富翁，并不一定比中国乡村的一个农民活得更幸福自在，原因就在于谁能知足。

一人在岸边垂钓，旁边几名游客在欣赏海景，只见垂钓者竿子一扬，钓上了一条大鱼，足有两尺多长，落在岸上后，鱼儿仍腾跳不止。可是钓者却用脚踩着大鱼，解下鱼嘴内的钓钩，顺手将鱼丢进了海里。

周围围观的人一阵惊呼，这么大的鱼还不能令他满意，可见垂钓者雄心之大。

就在众人屏息以待之际，钓者鱼竿又是一扬，这次钓上的只是一条一尺长的鱼，钓者仍是不看一眼，顺手扔进海里。

第三次，钓者的钓竿再次扬起，只见钓线末端钓着一条不到半尺长的小鱼。围观众人以为这条鱼也肯定会被放回，不料钓者却将鱼解下，小心地放回自己的鱼篓中。

游客百思不得其解，就问钓者为何舍大而取小。

钓者回答说："喔，因为我家里最大的盘子只不过有一尺长，太大的鱼钓回去，盘子也装不下，所以只好要小的，其实小鱼挺好，做起来也没那么麻烦呀。"

曾经有这样一句话："幸福就如一座金字塔，是有很多层次的，越往上幸福越少，得到幸福相对就越难。越是在底层越是容易感到幸福；越是从底层跨越的层次多，其幸福感就越强烈。"幸福其实就是一种期盼，是一种心灵的感受。只要我们用心去发现，用心去感受，你就会发现幸福其实就在我们身边，只是这样的幸福常常被我们忽略。而有的人之所以不幸福，就是没有知足心。每个人对幸福的感觉和要求都不相同，一个容易满足、懂得知足的人才更容易得到幸福。

·004·
寄希望于现在

人要活得有效就要活在现在，既不是活在过去也不是活在将来，只有现在才是唯一真正能做点事情的平台。

活在当下是一种能力，也是高情商的表现，人只有暂时放下欲望、放下干扰、放下情绪甚至放下思考的时候，才能全然感受生命在霎那间的存在。而生命中其他时间完全被大脑中的念头、想法淹没了，人从生到死，每天有 5 万～8 万个念头，绵延不绝、生生不息，真正活在当下就只能投入和专注地去做每一件你想做的事情。

在美国纽约市的一所中学里，某班的多数学生常常为学习成绩不理想而感到忧虑和不安，以致影响了下一阶段的学习。

一天，保罗博士在实验室给他们上课，他先把一瓶牛奶放在桌子上，沉默不语。

同学们不明白这瓶牛奶和这节课有什么关系，只见他忽然站了起来，一巴掌把那瓶牛奶打翻在水槽中，同时大喊了一句："不要为打翻的牛奶哭泣！"然后他叫所有同学围拢到水槽前仔细看那破碎的瓶子和淌在地上的牛奶。

博士一字一句地说："你们仔细看一看，我希望你们永远记住这个道理：

牛奶已经淌完了，不论你怎样后悔和抱怨，都没有办法取回一滴。你们要是事先想一想，加以预防，那瓶牛奶还可以保住，可是现在晚了，我们现在所能做到的，就是把它忘记，然后注意下一件事！"

著名的棒球手康尼·马克谈过他对于输球的烦恼问题："过去我常常这样做，为输球而烦恼不已，现在我已经不干这种傻事了。既然已经成为过去，何必沉浸在痛苦的深渊里呢？流入河中的水，是不能取回来的。"如果总抱怨现状不好，那是我们不知道还有更坏的事情。如果不活在当下，我们就会失去当下；如果失去了当下，也就丧失了当下所有的欢乐和幸福，也就失去了当下可能有的各种机会。

"不为昨天买单"，就是说不要同自己的过去较劲。如果一有过错，我们就陷入无尽的自责、哀怨、痛悔之中，我们将永远活在昨天，而失去了前进的动力。对于错误来说，懊悔毫无用处，只能带来更大的痛苦。如果摔倒了，我们唯一该做的，就是爬起来，拍拍身上的灰尘，重新走上人生的旅途。

美国著名的医学家奥斯勒教授享年98岁。他的生活秘诀是：经常说"今天最好"。生活是由昨天、今天和明天组成的。对于昨天，奥斯勒教授的态度是：我们应该把死亡的昨天彻底埋葬，何苦让昨天的烦恼来干扰我们的生活呢？对于明天，奥斯勒教授说：我们也不要为明天忧虑，不要为还没有发生的事情而忧虑。对于今天，他满怀深情地说：今天，只有今天，才是真真切切的生活。我们绝不能让对昨天和明天的忧虑破坏今天宁静的生活。"今天最好"是使人永远年轻的真谛！

人生在世，必有多种烦恼，不论所处之事对错与否，都毕竟是已经过去了，即使往事是辉煌的，你也不能两次踏进人生的河流。因此，我们不能用以往的事破坏我们的心境。况且，昨天已经过去，往事不可追；明天还未到来，来者不确定；所以，我们能把握的就是今天，就是现在！

明天是个未知数，我们也不能为明天而焦虑。试想，预言家也不能百分之百地预测自己的未来，何况我们是一普通百姓。因此，为明天担忧，也是人生产生烦恼的一大原因。正因为我们担心明天，才使今天不快乐、不舒畅。一位哲人说得好：即使不幸注定要在明天来临，你也没有必要今天就为她付出代价。

客厅中有一个巨大的挂钟滴答滴答地在响着。在一个夜里突然听见一阵啜泣声，于是客厅的家具们到处寻找声音的来源，原来是秒针在啜泣。

秒针哭着说："我好命苦啊！每当我跑一圈时，长针才走一步，我跑60圈时短针才走5步。一天我需要跑1440圈，一星期有7天，一个月有30天，一年有365天……我如此瘦弱，却要分分秒秒不停地跑下去，我怎么跑得动呢？我办不到。"

旁边的台灯安慰它说："不要去想还没来到的事情，你只须按本分一步一步地往前走，你就会走得轻松愉快。"

未来是由现在所产生出来的，我们每个人只能活在当下，快乐在当下，工作在当下。如果我们能够照顾现在，那么我们就是照顾了未来。未来不会无端地来，它将会从当下的这个片刻产生出来。

如果这个片刻很美、很宁静、很喜乐，那么下一个片刻一定会更美、更宁静、更喜乐。生命的质量取决于你每天的心态，每天的心态取决于你每一个片刻的心情。如果你能保证眼下心情好，你就能保证今天一天心情好；你能保证每天心情好，你就会获得很好的生命质量，体验别人体验不到的幸福生活。

生命是由一系列的"现在"构成的，生命赋予我们的一切资源是要利用而不是等待。发掘一切可以利用的可能，学会简单生活，才能构筑美好的现在。

一位年轻的画家把自己的作品拿给一位知名画家看，那位画家指出了几个需要修改的地方，年轻画家说："谢谢你！我明天就改过来！"那位画家问："为什么要明天？要是今天你就死了呢？"很多人跟这个画家一样，他们把大量的时间花在悔恨过去和恐惧未来上，然而过去使人消沉，未来使人焦虑，只有现在才是最真实的，只有现在才充满五颜六色的光彩！

抓住现在，才能拥抱明天，享受当下，让自己活得心情气爽、神定气足、满面春风、通体舒泰，这大概才是最幸福，最快乐的活法吧？我们就是要用灿烂的心情，迎接灿烂的阳光，让今天的我，活得最安稳、最愉快、最幸福。

第十一章 对善意的误解：

清空它，生活会给出最好的报答

善与恶，是人类与生俱来的天然本能，是潜藏于内心深处相互矛盾的两种禀性，是人性的一体两面，同属于德的内容。只是在后天的教化中，能够抑恶扬善者成了"好人"，从恶弃善者成了"坏人"。放下对世界的怀疑，对善意的误解，多做好事，多帮助他人，生活一定会给出最好的报答。

·001·
不以善小而不为

也许你不经意间的一次善举，可以帮助别人走出困境；也许你不经意间的一句暖心的话语，却可以温暖一颗即将冰冷的心。

一位哲学家有一次曾问他的许多学生："人生在世，最需要的是什么？"答案有许多。但最后有一位学生说："一颗善心。""正是。"那哲学家说，"你在这善心两字中，包括了别人所说的一切，因为有着善心的人，对于自己，则能自安自足，能去做一切与己适宜的事，对于他人，则他是一个良好的侣伴、可亲的朋友。"

一颗良好的心，一种爱人的性情，一种坦直、诚恳、忠厚、宽恕的精神，可以成为富翁的区区财产，与那种丰富的财产相比较，简直是不足挂齿了；怀着那种好心情、好精神的人，虽没有一文钱可以施舍给人，但是他能比那些慷慨解囊的巨富，行更多的善事。

假使一个人能够尽心努力去为别人服务，他的生命一定丰盛无比。最有助于人的生命的，莫过于从早年起，就养成善心善意的习惯。我们尽管大量地给予他人以我们的亲爱、同情，我们的鼓励、扶助，然而那些东西，在我们本身是不会因"给予"而有所减少的；相反我们给人的愈多，则我们自己所得的也愈多，我们能把我们的亲爱、善意、同情、扶助给人愈多，则我们所能收回的亲爱、善意、同情、扶助也愈多。

人生一世，得到的成绩、结果较少，此中有一个原因，就在亲爱、同情的给予上不够慷慨。不太容易舍得给予他人我们的亲爱、同情与扶助，因之别人也"以我们之道，还治我们之身"。我们不是轻易能获得他人的亲爱、同情与扶助的。

我们大多数人都是因为贪得无厌、自私自利的心理，以及习惯于那足以硬化人心的、无情的、冷酷的商业行为之故，以至于目光狭隘，只能看到别人身上的短处，而看不到他们的好处，假使我们真能改变态度，不注意去指责他人的缺点，而只注意到他们的好处，则于己于人，均有益处。因为由于我们的发现，他人也能自觉到他们的好处，因之而得到兴奋与自尊，更加努力。假使人们彼此相处，都有亲爱互助的精神，这种态度，一定可以使世界更加美好。

善良的人一定是心存宽容和感激。他们对别人更多的是理解和谦让，并能承认别人的长处，记住别人的好处，感谢别人的帮忙。感激之情，让人家舒服，自己也舒服。如果文过饰非，抱怨不止呢？那就大家都不舒服。愤恨和抱怨是个双刃剑，伤了别人，也会伤到自己。常言道，受人滴水之恩，定当涌泉相报。感激是一种良心的发现，产生于善的土壤。不知道感谢的人，即便弱，也并非善者，有能力时，还会欺侮人。对于牢骚和抱怨不止的人，要加倍提防。

在进行"善意与善事"上，人人可以得到胜利。宁可在职业上失败，在财产上失败，我们却不在这点上失败——在同情及助人的态度这一点上失败！

暴风雨之夜，在巴西某个偏僻的山村里，有位女士即将临盆。可她的丈夫在监狱里，身边只有一个 5 岁的小男孩。情急之下，这位女士报了警。但是由于暴雨已经造成洪灾、泥石流，救护车和救灾人员已经全部出动了，留守的警员只好打电话到地方性服务社团团长家里，请求给予协助。

那位团长马上答应，并且亲自把她送到医院，女士顺利生产，母子平安。这时，团长想起产妇家里还有一个儿子，必须立即去把他接走，便用手机给社团的一位最不热心但也是最后一个还没有出动的团员打了电话，希望他能去救助那位受困的小男孩。

那位"落后分子"很不情愿地从被窝里钻出，懒洋洋地驾车开往小男孩的家，一路上还一边诅咒鬼天气一边吹口哨。费了一番周折，他终于找到了小男孩的家，把小男孩抱上了车。

小男孩上了车后，就一直盯着"落后分子"看，突然他开口了："先生，你是不是上帝？""落后分子"被突如其来的问话给"震"住了，有些丈二和尚摸不到头脑，莫非小孩受到惊吓神经出了问题？便吐掉嘴里的口香糖，有点结巴地问："小弟弟，为什么说我是上帝？"

小男孩说："刚刚我妈妈要出门时，告诉我要勇敢地待在家里。她说，这个时候只有上帝能救我们。"这位先生听了这话，脸一下子红了，他很惭愧，腾出一只手摸了摸孩子的头，慈爱地说："我不是上帝，我是你的朋友！"他万万没有想到，有一天自己也可以成为别人眼里的"上帝"，他突然觉得是那孩子天真的眼神点燃了自己内心的那盏灯——向善的灯。

小小的善举，可以给他人带去温暖、感动，其实，更会给自己带来快乐。难怪不少心理学家都给我们提出一个"良心的建议"：如果你烦恼的时候，请去为别人做件好事，你一定会开心起来的，这是对自己的最好奖赏，是最好的礼物。

·002·
能行善事而不图人知

《老子》:"上善若水,水善利万物而不争。"意思是说,最高境界的善行就像水的品性一样,泽被万物而不争名利。

有许多人为了使整个社会更好,而不惜代价地奉献自己的时间。有医院或护养机构的义务工,他们为了癌症、神经痛、心脏、肾脏等各种的医学研究而从事募款活动。他们只是配合着需要帮助的人,做他们认为必须做的事,一心只期待着自己的努力对于别人有所帮助,并且享受帮助人的喜悦。

"善欲人见,不是真善,恶恐人知,便是大恶。"套用这句朱子治家的格言,其实是想说,有目的性的"助人"其实是伪善,这比袖手旁观更令人反感。那什么叫助人呢?应该是发自内心的,不求回报的,有悲悯,但更多的是真诚。助人是自愿的,给人一点点力所能及的帮助,收获快乐的心情,多么简单,又是多么美好!如果所做的一切都是朝着某个目的,那么投入的成本有多大期望便有多高,而往往,"感情交易"是最不可靠的。

一位名叫冕的大乐师来看孔子。古代的乐师,多半是瞎子,孔子出来接他,扶着他,快要上台阶时,告诉他这里是台阶了。到了席位时,孔子又说这里是席位了,请坐吧。等大家坐下来,孔子就说某先生在你左边,某先生在你对面，一一详细地告诉他。

等乐师冕走了，子张就问，老师，你待他的规矩这样多，处处都要讲一声，待乐师之道，就要这样吗？孔子说，当然要这样，我们不但是对他的官位要如此；对这样眼睛看不见的人，在我们做人做事的态度上，都应该这样接待他。

小小的善意行为，不用言表，信手做来，于心是一件非常快乐的事情。莎士比亚曾说，慈悲不是出于勉强，它是像甘露一样从天降下尘世，幸福不但会降临于受施的人，也同样会降临于给予的人。所以，行善无迹的人通常才是最幸福的。

人有行善的本能，行了善心情特别舒畅，自然也特别快乐。常行善的人笑容可掬，和蔼可亲，因为他们内心和外表一样美。那些福传人员，慈善家，义工，爱心团体，笑口常开，因为他们良心平安、满足。他们不追求个人利益，全是为了别人的好处，所以他们常是快乐的，因为他们懂得人生的价值。

曾捐出450元新台币积蓄给小学母校兴建图书馆的台东市中央市场女菜贩陈树菊，获《福布斯亚洲版》（Forbes Asia）评选为亚太地区慈善"英雄"之一。许多民众听到阿菊阿嬷获得福布斯的肯定，纷纷表示"名副其实"；阿嬷则一贯低调回应，"这没有什么？钱给需要用的人就对了！"

那些善良、正直的人，他们的脸上总是平静而快乐的，而那些总是想着算计别人、跟别人计较、讽刺别人的人脸上总是挂着阴暗的表情或堆着虚伪的笑容。即使给他们全世界，他们也不会快乐，因为他们贪婪、不知满足、不爱别人、不会放开心胸感受世界的美妙，只会放纵自己的欲望。

当一个人心中有爱、有善，就能感受到生活回报给你的爱，而且会感到生活的美好。他不会再过多地烦恼自己的小问题，而是会在善良地对待别人、热心地帮助别人时，感到满足和有价值，得到意想不到的快乐。而被帮助的人，也会觉得非常快乐，因为世界如此光明，人与人之间的关系是这么的友好。

·003·
美好的事都是从"小"开始的

"勿以善小而不为"，事应从小事做起，一件善事，一件善意的小事，也许对你而言只是一个不经意，一个微不足道，也许对他人而言就是一个快乐和感动，可能起到翻天覆地的变化。

唐代诗人孟郊写的《投所知》诗，其中有一句是"尽美固可扬，片善亦不遏"。意思是尽善尽美固然值得称赞，而微小的长处也不应该拒绝，即做人应不辞小善。

小李总是在公车上为那些老人、孕妇和小孩让座，虽然她觉得这很平常，但是那些接受了帮助的人总是很有礼貌地感谢她，有时还会友好地和她谈话，有些人还会在下车的时候再次微笑着感谢她，她觉得这真是美好的经历。

你只是对别人做了一点点好事，别人却会回报给你愉悦的情绪。

你是不是也试过为人让座呢？或者你还试过被人让座？

有一次，她上车时拿了很多东西，非常不方便，一位男士很自然地从座位上站了起来，把座位让给了她，她觉得很惊讶，也觉得这小小的温情让她很快乐！

帮助别人，是使双方都快乐和满足的事情，而且可以做的善事就在身边，只要我们用心去做就行了。

的确，很多的"善小"能使他人受益匪浅，但相反许多的"恶小"却使人失去了太多。或许有些人最后成为无恶不作的强盗，只是因为儿时的一丝贪念，小偷小摸图的是那一时的快感，而正是这样的"恶小"的累积导致了一个个的悲剧发生。所以，"勿以恶小而为之"。

"千里之堤，毁于蚁穴"。意思是说很长的堤坝，因为小小蚁虫的啃噬，最后也会被摧毁的。一个人不要小看自己的所犯的错误，一点点小错的积累会使你的人生毁于一旦。西方有一句著名的谚语："一个钉子能毁灭一个王国。"这个谚语讲的是对恶和错误应防微杜渐，不要让小的错误造成大的后果。掉了一个钉子，就坏了一个马掌；坏了一个马掌，就毁了一匹战马；毁了一匹战马，输掉了一场战役；输掉了一场战役，毁灭了一个王国。

小事是大事的基础，大事是小事的累积，轻视一件件平凡的好的小事，就很难做出伟大的事情。轻视一滴水就不会有浩瀚的海洋。轻视一棵树，就不会有茂密的森林。轻视一砖一瓦，就不能盖好高楼大厦。千百年来，古人有许多强调"做小事"重要性的名言警句：集腋成裘，聚沙成塔，垒土成山，纳川成海，积善成德。我们要从小事做起，从点滴做起。

小小的善举，举手之劳，并不需要我们付出很多，却能换来谅解、和睦、友谊，为社会做点事，为他人做点事，为自己做点事，美好的生活在大家的点点滴滴中创造，在持之以恒中延伸。请留意你的行动，因为行动能变成习惯，请留意你的习惯，因为习惯能成为性格，请留意你的性格，因为性格能决定你的命运。小与大是相对的，但善与恶却是绝对的，再小的善也是善，再小的恶也是恶。善是一种循环，恶也是一种循环，让我们始终记住"勿以善小而不为，勿以恶小而为之"。

人与人相处，"代人着想，为人付出"，常常是既简单却又最容易忽略，反而做不到的事。一发生事情常常马上埋怨到底是谁弄的；或者造成大家不方便的时候，就计较、责怪那个源头，最后或许把事情解决了，但是却没有办法把人的心改善。怎么把心的问题彻底改善呢？真正的关键在于内心中是否常存一个要利益他人的心。

宋徽宗大观年间的葛繁，就是处处在日常生活中实践"对别人付出"，譬如说"物置不正"，会妨碍人家就把它放正；"与之杯水"，给人一杯水解渴，等等。"几微言语动作，皆有可以利益于人者"，所做任何的微小言语动作，都可能存在着一个很大的善心，所以善不在于大，而在于是否存在一个很强烈要帮助别人的心。可是要这么做可没那么容易，"惟行之攸久，乃有利益耳"，一开始要培养这颗善心，然后常常去做，但也不是短期就能做到，由恒常的生活点滴中去观察、去运用，才能产生真正的利益。

葛繁从小处行善，是我们人人可以效仿的。有一个恢弘广大的心胸，再加上脚踏实地去行善，人格便得以提升。

·004·
行善，可以让自己更健康快乐

行善的结果，不仅社会大众蒙受其利，个人也必可获得裨益。具有善良之心，多行善举，不仅助人，也能使自己获得快乐。

中国有句古训："行善积德。"有的心怀善心，同情弱者，帮其所难；有的施以善举，慷慨解囊，济人之困；有的扶善抑恶，挺身而出，见义勇为……这些善行善举，彰显了人们高尚的精神风貌。医治病患，救生放生，服务他人，与孤儿同乐。此外，在实行任何一种布施时，如果能够基于纯粹救助别人的动机，而毫不存有沽名钓誉或其他任何自私的意念，这种完全奉献利他的行为，才可说是真正的善行。

国外一些调查资料也证明，善良的人乐观向上，喜欢微笑，会把时间用在运动等快乐的事情上；不善良的人常对他人怀有恶意，把时间常放到算计他人上。因此，不善良的人要比善良人的生活质量低、寿命短。

一个喜欢行善的人，由于经常心存善念，因此在外貌上也大都显得慈眉善目，关切慈祥，和蔼可亲。与其交谈，往往有如春晖普照，感到无比的温馨，不仅令人喜欢亲近，而且也常常令人产生由衷的敬佩。由于他们平时广结人缘，有口皆碑，因此一旦有事，无疑地，大多数人都能够左右逢源，逢凶化吉，能够成就更大或更多的事业，所谓"得道多助"、"吉人天相"，事实上也是有相当的根据。

罗斯福年轻的时候，曾经在家乡一个大农场里工作。农场主德里斯是个刻薄而吝啬的人。

一次，罗斯福负责的工作出了一点点的纰漏，德里斯居然以此为借口，扣发了罗斯福的全部工资。罗斯福气不过，就将德里斯告上法庭，可德里斯提早拉来了农场做工的工人作伪证，罗斯福不仅没有讨到薪水，反而被德里斯倒打一耙，赔了不少的诉讼费。从此，罗斯福和这个农场主结下了怨恨。

二十多年后，罗斯福成了美国总统。这天是周末，罗斯福家来了一位不速之客，他竟是农场主德里斯。原来，由于经济危机的缘故，德里斯几乎面临破产，他的农场急需资金支持，可是由于德里斯吝啬得出名，没有人愿意为他担保。德里斯借不到钱，实在无奈之际，他才想起当年曾经欺压过的罗斯福。

罗斯福听完德里斯的哭诉，思索一番，完全不顾妻子的眼神暗示，决定为他担保，让他借到了那笔救命的贷款。

德里斯走后，妻子嗔怪道："难道你忘记他当初怎么对待你的吗？你干吗还去帮他？"

罗斯福慢悠悠地说："假如一个人真的善良，那么善良就是他的天性，这善良不会因为面对的是一个善人或者恶人而改变。面对一个恶人，自己也变得凶恶，这还是真正的善良吗？"

美国科学家调查发现：那些常做好事（善事）的人、常存感恩之心的人，身体更健康，更善于化解和应对各种压力和紧张情绪。研究还发现，当人表现出善意举动时，大脑会释放出多巴胺，血液中复合胺的含量也会升高。这两种物质能使人在激动和紧张中平静下来，使人心情愉悦，减轻压力。最新研究还表明：类似于"爱"、"感激"和"满足"这样的情感，会刺激脑下垂体后叶激素的分泌。该激素会使神经系统放松，压抑感减少，体内各器官组织的含氧量显著增加，脑部和心脏还有同步电流产生，体内各器官的运动更加有效，就像经过一次康复治疗，对健康极为有利。

胡雪岩是位儒商。有个商人在一次生意中栽了跟头，急需一大笔资金来周转。为了救急，他拿出自己全部的产业，想以非常低的价格转让给胡雪岩。胡雪岩不仅答应了他的请求，还按市场价来购买对方的产业，这个数字大大高于对方转让的价格。那个商人惊愕不已，不明白胡雪岩为什么连到手的便宜都不占。胡雪岩拍着对方的肩膀让他放心，说自己只是暂时帮他保管这些抵押的资产。等到商人挺过这一关，随时可赎回这些房产，只需要在原价上再多付一些微薄的利息就可以。胡雪岩的举动让商人感激不已。胡雪岩还讲了一段自己的经历："有一次，正在赶路的我遇上大雨。我恰好带了伞，便帮着人家打伞。后来，下雨的时候，我就常常帮一些陌生人打打伞。时间一长，那条路上的很多人都认识我。有时候，我自己忘了带伞也不用怕，因为会有很多我帮过的人为我打伞。"

胡雪岩微微一笑："你肯为别人打伞，别人才愿意为你打伞。那个商人的产业可能是家里几辈人积攒下来的，我要是以他开出的价格来买，当然很占便宜，但人家可能就一辈子翻不了身。这不是单纯的投资，而是救了一家人，既交了朋友，又对得起良心。谁都有雨天没伞的时候，能帮人遮点雨就遮点吧。"后来，商人赎回了自己的产业，他也成了胡雪岩最忠实的合作伙伴。在那之后，越来越多的人知道了胡雪岩的义举。无论官绅百姓，都对有情有义的胡雪岩敬佩不已。

在看到需要帮助的人就本能地伸出援手的人，当自己遭遇困难时，通常也会适时地得到援助。善行必会衍生出另一个善行，善行终会招来善报。这是这个世上最强劲的连锁反应之一。

·005·
帮助别人，也是在帮助自己

助人与助己具有内在的统一性，帮助他人就是帮助自己。帮助别人的时候，其实也是在提升自己的人格。

在现代社会，公共生活领域不断扩大，社会分工越来越细，人们之间的交流与合作日益频繁，整个社会结成相互依存的有机整体。在这种条件下，个人利益与他人利益、社会利益被紧紧地联系在一起。

"种瓜得瓜，种豆得豆。"这是经过千余年的岁月，古人留下来的名言。足以可以说明这句古训是多么意味深长。人在不同的环境下成长，会形成不同的品格，人的成长环境，会直接影人的一生。

弗莱明是苏格兰一个穷苦的农民。有一天，他救起一个掉到深水沟里的孩子。第二天，佛来明家门口迎来了一辆豪华的马车，从马车走下一位气质高雅的绅士。见到弗莱明，绅士说："我是昨天被你救起的孩子的父亲，我今天特地过来向你表示感谢。"弗莱明回答："我不能因救起你的孩子就接受报酬。"

正在两人说话之际，弗莱明的儿子从外面回来了。绅士问道："他是你的儿子吗？"农民不无自豪的回答："是。"绅士说："我们订立一个协议，我带走你的儿子，并让他接受最好的教育，如果这个孩子能像你一样真诚，那他将来一定会成为让你自豪的人。"弗莱名答应签下这个协议。数年后，他的儿子从圣玛利亚医学院毕业，发明了抗菌药物盘尼西林，一举成为天下闻名的弗莱明·亚历山大爵士。

有一年，绅士的儿子，也就是被弗莱明从深沟里救起来的哪个孩子染上了肺炎，是谁将他从死亡的边缘救了回来？是盘尼西林。那个气质高雅的人是谁呢？他是"二战"前英国上议院议员老丘吉尔，绅士的儿子是谁呢？他是"二战"时期英国著名首相丘吉尔。

本杰明·富兰克林曾说过，一个人种下什么，就会收获什么。我们如果真诚地待人，别人也会真诚地对待我们。弗莱明因为真诚才让自己的儿子有了成才的机会。老丘吉尔也因为真诚才挽救了自己儿子的生命，并使之成为20世纪影响人类历史进程的政治家。

有一个相反的例子。

春秋时，郑武公从申国娶了个妻子，名字叫武姜。武姜生了郑庄公和共叔段，郑庄公出生的时候是难产，吓坏了他的母亲武姜，所以武姜喜欢小儿子共叔段而不喜欢郑庄公，多次请求郑武公改立共叔段为太子，武公没有答应。

郑庄公即位以后，武姜又请庄公封给共叔好的封邑，郑庄公将共叔段封在京这个地方。共叔段在京大兴土木，所建的城墙的规格超过了规定规模，大臣祭仲认为共叔段有野心，劝郑庄公早点解决共叔段的不轨行为。郑庄公说："人要是做多了坏事，定会自己害自己，你等着瞧吧。"

后来共叔段又私下让郑国西部边境地区的人民既听国君的命令，又听自己的指挥，不久就干脆将它据为自己的领地，且面积不断扩大。祭仲认为共叔段拥有的百姓越来越多，危害越大。郑庄公说："用不义手段收罗的民众不会团结，再多也会分裂。"

共叔段在自己的封地上修城池，制造兵器，训练兵士，并和母亲武姜约定，要进攻郑国都城，由武姜作内应打开城门，里应外合。郑庄公知道后，认为时机已到，便派兵讨伐共叔段，共叔段的封地上的人民背叛了他，共叔段逃到鄢，庄公又追击到鄢，最后共叔段逃亡到共。

个人利益的实现要以服从、服务于社会利益，以不损害他人利益为前提和基础；社会利益的实现要以满足大多数人的利益为目的和手段。没有社会和他人的帮助，自己就会陷入孤立的困境，而要得到社会和他人的帮助，首先要帮助别人。

·006·
警惕：别让自己成为"滥好人"

人始终都是一个矛盾的综合体。人们喜怒哀乐悲欢嬉笑，远非自身所表现出来的那么简单。所以，人的欢笑并不一定代表高兴，流泪并不一定代表伤心，鞠躬并不一定代表感谢，拍手并不一定代表赞赏。

有些人真心帮助别人，结果反而自己倒霉。比如说，为了帮朋友解脱困境，去充当他的贷款连带保证人，本以为做了善事，想不到出了麻烦，以至连自己的财产也丧失殆尽。还有一种情况，朋友有困难开口借钱，你借给他了，他却迟迟不还，让你陷入困境。不是说善有善报吗？怎么我做善事却得到了恶报？

在有一些场合，只凭感情，只凭同情，就慷慨解囊，或当他的连带保证人，这本身就是一个问题。善有"大善"和"小善"之分。朋友手头紧，找上门求你帮忙，仅仅因为他来求你，你就同情他，不假思索就出钱相助，表面上看你是帮了他，实际上是害了他。迁就朋友的不合理要求，这是"小善"，你关爱和同情他的方式不对，是帮他的倒忙，让他越陷越深。

朋友找上门来借钱，求你做他的连带保证人。这时，首先你要问清楚事情的来龙去脉，要认真调查，如果是由于他做事不检点，乃至挥霍浪费才导致了今天的结果，那么你应该明确告诉他，这钱不能借。而且，你还要劝导他正视眼前的困难，接受教训，重新振作起来。

如果你唯唯诺诺、有求必应，借钱给他，或同意做他的连带保证人，这是"小善"，这种"小善"会把你自己牵连进去，弄得你自己也很狼狈。在需要做出判断的时候，不能感情用事，判断的基准是"大善"还是"小善"，这才是问题的关键。

吕文懿是明朝时一位德行高尚的宰相。吕公最初辞去相位、返回故乡时，海内尊仰。吕公回家乡碰到一件事：有一个同乡喝醉了酒，对着吕公恶骂。吕公修养好，对仆人说："这人喝了酒，不要和他计较。"然后就关上门谢客。过了一年，这个醉鬼犯罪，被关入监狱，随后被判了死刑。吕公知道后，后悔说："我以前的行为有偏差，没有能够及时帮助他。假如当初我稍微和他计较，就能够以小小的惩罚起到大的警戒，我当时只是想到存心仁厚，不能和人计较，没想到这会进一步助长他的恶习，以至于他发展到今天这种地步。"由此可见，吕公所做的原谅醉汉这件事是"动机正结果偏"的例子。

一个人要分辨真正的善恶。其实世界上一切的善恶是相对的，没有绝对的善恶。因此，做好事需要智慧判断，否则，看起来是做好事，其实是坏事，往往造很大的失误。

一个农夫干完农活，看见一条蛇冻僵了，觉得它很可怜，就把它拾起来，小心翼翼地揣进怀里，用暖热的身体温暖着它。

那蛇受了暖气，渐渐复苏了，又恢复了生机。等到它彻底苏醒过来，便立即恢复了本性，它以迅雷不及掩耳的速度用尖利的毒牙狠狠地咬了恩人一口，使他受了致命的创伤。

农夫临死的时候痛悔地说："我可怜恶人，不辨好坏，结果害了自己，遭到这样的恶报，我真是活该！"

世间有两种截然不同的善，一种是真善，一种是伪善。

从表面上人们很难看出这两者有什么不同，有时候，伪善甚至比真善显得更善，更能打动人。两者的根本区别在于：真善不含功利目的，不是施善者达到目的的手段，它发自于善良的本性，是在设身处地地为对方着想，而且以尊重对方的意愿为前提，因此就算不被对方理解和接受也不会有所改变。

伪善则不然，它不是发自于人善良的本性，是有意装给人看的，不是真的为别人好，而是试图以善意善行来迷惑和蒙骗人，让人上当，达到不可告人的目的。说穿了，伪善者把善意的表现当成达到目的的一种手段工具，完全是一种表演，是典型的笑里藏刀。因此，一旦不能达到预期的目的，伪善者的善意就马上会变换成另一副嘴脸，不但善意全无，甚至充满杀气，其实这才是伪善者的真实面目，先前的善只不过是在展现其伪装技术。人们所说的"披着羊皮的狼"，指的就是这种人。

说穿了，伪善者就是装扮成善良的邪恶，具有显而易见的邪恶所没有的欺骗性，所以伪善者对人类的危害往往比显而易见的邪恶更大。

228

第十二章 | 对怨怒的固执：

清空它，与世界更加亲和

当你对周围的人和事充满怨恨和愤怒，阴霾便会如影随形；当你将怨恨和愤怒化解，阳光便能照进你的生活。我们要常存感恩之心，而不要充满抱怨和愤怒。对生活充满宽容和平和的人，生命会时时得到滋润，也会得到周围人对他的善意相待。

·001·
当心宽广，才能容得下更多

胸怀宽广的人能容得下大地，容得下海洋，容得下天空，容得下世间万物。胸怀宽广，是自信的体现，是克服痛苦的良药，是迈向成功的阶梯。

胸怀宽广会让烦恼去得更快，会让人更加释然，它和光明磊落应该是一对孪生兄弟，不会是单独存在的。胸怀宽广的人坦坦荡荡，磊磊落落，不去算计别人，不去利用别人。生活在阳光下，尽可能地享受每一寸阳光。

拥有宽阔的胸怀是一种智慧。懂得宽阔的胸怀的人，是一位智者。他使一些猜忌和误会消失于无形，由此避免许多无谓的冲突和不良的后果。他能使自己心性平静、神情安逸。因为他不会因为自己的个人得失而心潮起伏，也不会因为蝇头小利而斤斤计较，更不会为了鸡毛蒜皮之事而争得你死我活，脸红脖子粗。因为他目光远大，心胸开阔，善明事理，勇于开拓。他追求的是不变的将来、永恒的春天、精致的人生。

在生活中，需要一种宽阔的胸怀，要用宽阔的心胸去包容一切违逆和挫折；更要以宽阔的心胸去理解他人的误会和偏见。生活中没有任何事、任何人是尽善尽美的。但如果我们学会宽阔的胸怀，懂得宽阔的胸怀，生活中许多纠葛、怨恨、偏见和不快，都会烟消云散，势利小人、邪恶之人，猜忌诽谤，恶语中伤也将消失得无踪。

在一位著名哲学家的众多弟子中，有一个弟子经常牢骚满腹，整天骂骂咧咧，怨天尤人。哲学家为了开导这个小肚鸡肠的弟子，就叫他到市场中去买盐。盐买回之后，哲学家叫他抓一把兑成一杯水喝，然后问他味道怎样，这位弟子皱着眉头说："咸得发苦。"哲学家又叫他抓一把放在缸中，再叫他尝尝味道，弟子说："有一点点咸。"哲学家再叫他把买回来的整包盐撒在一个大水塘中，然后又叫这位弟子去尝，这位弟子说："一点咸味也没有。"这时，哲学家教导这位弟子说："一个人生活中的不快和痛苦，就像这盐的咸味。我们所能感觉和体验的程度取决于我们将它放在多大的容器里。"

我们生活的容器，就是自己的胸怀。当你对生活感到不尽如人意的时候，当你工作中感到烦恼不顺的时候，当你慨叹人生世态炎凉的时候，你就要不断地博大自己的胸怀，在宽广的胸怀里，一切不快和痛苦都显得微不足道。仔细地留意一下，其实生活中很多麻烦很多不如意是自己找的，为了一些鸡毛蒜皮的小事，很多人会苦恼会争斗半天，为了一些蝇头小利而苦思冥想，甚至不择手段。这样也许会达到目的，也许会争得利益，但同时失去的是坦荡人生。如果还做了龌龊的事，心灵将不会安逸。

语气的臣服已经是一种妥协，既然没有十成的把握，自然也不想申辩什么。在某个交谈的小节上到底是谁正确已经无关紧要了。天底下只有一种能在争论中获胜的方式，那就是避免争论，要像避免响尾蛇与地震一样的去避免它，避免无谓的争论与冲突。不要去伤害别人，不要去挑衅别人的感情，不要随意诋毁他人，带着宽容的心去容纳他们的不同意见，这才是智者的胸襟啊！

俄罗斯的教育心理学专家们进行了一项有趣的实验，他们试图弄明白：为什么一些孩子在同龄人中很招人喜欢，而另外一些人则惹人厌恶，为此，他们比较了这两类孩子的智力水平、交际能力以及玩游戏时的首倡能力。经过不断地比较分析，心理学家终于在这些魅力孩子身上发现了一种常被人忽略的品质——心胸宽阔。

心理学家指出，孩子堆里的"红人儿"愿意向小伙伴敞开心扉并一起分享心事。如果别的孩子取得了成绩，他们会公开表示支持，而不是嫉妒甚至诅咒。对方凭直觉就会感受到他们的友善并与其亲近起来。

心理学家说，成年人与孩子一样，对待别人成功与失败的态度反映了一个人的精神发展程度。对人格发展不健全的人来说，当别人获得成功时，他会表示气愤、嫉妒、怀疑甚至憎恶，这会使他难以受到周围人尊敬并交到真正的朋友，而心胸开阔、自信豁达的人更容易获得成功。

春秋时期，在渑池之会结束后，蔺相如由于功劳大，被封为上卿，位在廉颇之上。

廉颇说："我是赵国的大将，有攻城略地的大功，而蔺相如只凭言词立下功劳，他的职位却在我之上。再说相如本来是卑贱的人，我感到羞耻，不甘心自己的职位在他之下！"扬言说："我遇见相如，一定要羞辱他。"相如听到这些话后，不肯和他碰面，每逢上朝时常常推说有病，不愿跟廉颇争位次。过了些时候，相如出门，远远看见廉颇，就掉转车子避开他。

于是相如的门客就一起规劝说："我们离开亲人来侍奉您，不过是因为仰慕您的高尚品德节义啊。现在您与廉颇职位相同，廉将军口出恶言，您却害怕他躲避他，怕得太过分了。就是普通人对这种情况也感到羞耻，更何况是将相呢！我们没有才能，请允许我们告辞离开吧！"

蔺相如坚决挽留他们，说："你们看廉将军与秦王相比哪个厉害？"门客回答说："廉将军不如秦王厉害。"相如说："以秦王那样的威势，我蔺相如却敢在秦国的朝廷上呵斥他，羞辱他的群臣。相如虽然才能低下，难道偏偏害怕廉将军吗？但是我想到，强大的秦国之所以不敢轻易对赵国用兵，只是因为有我们两个人在啊！现在如果两虎相斗，势必不能共存。我之所以这样做，是以国家之急为先而以私仇为后啊！"

廉颇听到这话，就脱去上衣，露出上身，背着荆条，由宾客引导到蔺相如家的门前请罪，说："我这个粗陋卑贱的人，想不到将军宽容我到这样的地步啊！"

两人终于相互交欢和好，成为生死与共的朋友。

古人云："惟宽可以容人，惟厚可以载物"。这个古训告诉人们，在为人处世的过程中，只有心胸宽广，才会对他人给以宽容，也只有宽广的胸怀，才能接纳和容忍别人。一个人的胸怀越广，包容的东西就越多。做到了这一点，生活中的酸甜苦辣，人世间的喜怒哀乐，都是一个人成长和成熟必不可少的营养。

·002·
有气，先化解再做事

　　放不开自己的时候，就是一种自我的折磨。不愿意接受的现实，它也已经发生，不会因为自己的怨或怒改变存在。接受，用一种思考的方式，放眼未来，才会真正的有所得。

　　人是具有七情六欲的动物，因故心生怨怒是再自然不过的事情。喜怒哀乐不形于色，则是所谓比较有心计的"成熟"人，或者说是"心有城府"，在社会生活中比较容易立足，且因此能够得到许多实际的好处，却也容易由此受到因诸多压抑而导致的内伤，可谓是有得有失。那些看似颇为春风得意，却又英年早逝者，大都是因这类内伤——物理或精神的重伤引起。倘若怨怒对一个人无所作用，所谓"不以物喜，不以己悲"，那么这个人的修养应当是达到了人生的高尚境界，堪与自然和谐为一体了，这样的人自然能够快乐和长寿。

　　寻常的人，则特别容易为怨怒所控制，轻易地发泄，乃至做出极端情绪化的事情来。结局注定是比较糟糕的——几乎所有的重大失败都是情绪化导致的结果，遍体鳞伤自不在话下。

　　战国后期赵括的纸上谈兵，是影响深远的"军事笑话"，却坑害了赵国 40 万军人的性命，赵国也因此迅速衰微，特别令人扼腕叹息。而赵括非要为将，正是对其父亲赵奢再三警告的大为不满：你说我不能够为将，可我熟读兵书，理解深刻，我偏要为之……结果却不幸的是预言成真；东汉末年曹孟德刚刚统一北方，便匆匆挥师南下，但见他意气风发，横槊赋诗，却难免得意忘形，谋略不周，遭致受空前败绩；刘备之死于白帝城，全在于结义弟弟关羽被杀，报仇心切，且急于夺回战略要地荆州，愤怒之下违反重大立国原则，不顾后果，意气用事，与盟友孙吴大规模兵戎相见——倾全国之力，却轻敌冒进，谋划不周，被其眼中的"小儿"陆逊设计，火烧七百里连营，损兵折将无数，从此西蜀一蹶不振。

无数的事例都说明一个道理：理易清，情易乱。人生高尚的境界距离我们普通人似乎比较遥远，显得难以达到，完全为情绪所控的情况却也理当为我们着意警惕。至少，在人生的关键时刻，我们需要控制怒怨，需要尽力平静下来再做决策。俗话说"好事不在忙中取"，更不宜在感情紊乱的忙中取。一个人经常生气、恼怒，就会使其身心受到极大的损害。在愤怒的时候学会克制，在生气的时候学会冷静。控制愤怒不是什么难事，难的是用什么方法进行应对。长期忍气吞声，只会使愤怒升级。

有一个男孩，他脾气很坏。有一天，他的父亲给了他一袋钉子，并且告诉他，每当他发脾气的时候就钉一根钉子在后院的围篱上。

第一天，这个男孩钉下了 37 根钉子。慢慢地每天钉下的钉子数量减少了，他发现控制自己的脾气要比钉下那些钉子来得容易些。

终于有一天这个男孩再也不会失去耐性而乱发脾气了，他把这件事告诉了他的父亲，父亲告诉他，从现在开始，每当他能控制自己的脾气的时候，就拔出一根钉子。

日子一天天地过去了，最后男孩告诉他的父亲，他终于把所有钉子都拔出来了。

父亲握着他的手来到后院说：你做得很好，我的好孩子。但是看看那些围篱上的洞，这些围篱将永远不能恢复到从前的样子。你生气的时候说的话将像这些钉子一样留下疤痕。如果你拿刀子捅别人一刀，不管你说了多少次对不起，那个伤口将永远存在。话语的伤痛就像真实的伤痛一样令人无法承受。

人与人之间常常因为一些彼此无法释怀的坚持，而造成永远的伤害。如果我们都能从自己做起，开始宽容地看待他人，相信一定能收到许多意想不到的结果。帮别人开启一扇窗，也就是让自己看到更广阔的天空。

在人的一生中，与人相处时，不分是非曲直，话不投机动辄发火，这是一种没有涵养的表现。一个人，要经常反思自己，是否火气太大？是否能够忍耐？忍耐，方可以成就大事业！火气太大的人，应该像林则徐那样，要有自知之明，加强修养，注意"制怒"，心平气和，以理服人，不可放纵心头无名之火，否则既伤害他（她）人又伤害自己。

有一个年轻的农夫，划着小船，给另一个村子的居民运送自家的农产品。那天的天气酷热难耐，农夫汗流浃背，苦不堪言。他心急火燎地划着小船，希望赶紧完成运送任务，以便在天黑之前能返回家中。突然，农夫发现，前面有一只小船，沿河而下，迎面向自己快速驶来。眼看两只船就要撞上了，但那只船并没有丝毫避让的意思，似乎是有意要撞翻农夫的小船。

"让开，快点让开！你这个白痴！"农夫大声地向对面的船吼叫道："再不让开你就要撞上我了！"但农夫的吼叫完全没用，尽管农夫手忙脚乱地企图让开水道，但为时已晚，那只船还是重重地撞上了他的船。农夫被激怒了，他厉声斥责道："你会不会驾船，这么宽的河面，你竟然撞到了我的船上！"当农夫怒目审视对方小船时，他吃惊地发现，小船上空无一人。听他大呼小叫、厉声斥骂的只是一只挣脱了绳索、顺河漂流的空船。

在多数情况下，当你责难、怒吼的时候，你的听众或许只是一只空船。那个一再惹怒你的人，绝不会因为你的斥责而改变他的航向。

当然，每个人完全不必转而去讨好这个人，也没必要事事和他达成一致意见，甚至继续厌烦他也无妨。但你一定要清楚，不能让他制造的麻烦转变成自己的烦恼。无论自己为此多么愤怒，他不会为你而失眠的。如果因为他的过错而使自己陷入无尽的烦闷悲伤之中，自己就成了唯一受到伤害的人，而且，是自己在强化这种伤害的深度和长度。

抛开怨怒，轻松自己。不要对生活中的矛盾过分在意，没有人是十分完美的，没有人可以完全地回避矛盾。心态，是需要自己对事态进行衡量然后再去调整的。有了必要的思考，就有了理性。理性会让你渐渐地心平气和。

·003·
学着感恩身边的人和生活

感恩是一种境界，是对别人所给予关心帮助的良知回应。有了感恩之心，才会对他人宽容；有了宽容心，才会时时谦和；有了谦和心，才会心生敬畏。

感恩是积极向上的思考和谦卑的态度，它是自发性的行为。当一个人懂得感恩时，便会将感恩化做一种充满爱意的行动，实践于生活中。每天怀有感恩地说"谢谢"，不仅仅是使自己有积极的想法，也使别人感到快乐。在别人需要帮助时，伸出援助之手；当别人帮助自己时，以真诚微笑表达感谢；当你悲伤时，有人会抽出时间来安慰你……这些小小的细节都源自一颗感恩的心。

感恩，是一种促进成功的重要法宝。学会感恩，就能虔诚、认真地面对生活的挑战。因为对生活心存感激，所以心中时常保持一份欣喜与热爱，为了梦想而执着追求。

学会感恩，为自己已有的而感恩，感谢生活给你的赠予。这样你才会有一个积极的人生观，才能有健康的心态。对父母要心存感恩，因为他们给予了我们生命，让我们健康成长；对学习应心存感恩，因为她给予我们知识的力量；对班级要感恩，因为那是我们的家。对师长应心存感恩，因为他们给了我们教诲，让我们明晓事理、遨游在知识的海洋；对同学要感恩，因为他们是我们同室兄妹，郁闷时一起熬过，欢乐时一起分享。

在一个闹饥荒的城市，一个家庭殷实而且心地善良的面包师把城里最穷的几十个孩子聚集到一块，然后拿出一个盛有面包的篮子，对他们说："这个篮子里的面包你们一人一个。你们每天都可以来拿一个面包。"

瞬间，这些饥饿的孩子仿佛一窝蜂似的涌了上来，他们围着篮子推来挤去大声叫嚷着，谁都想拿到最大的面包。当他们每人都拿到了面包后，竟然没有一个人向这位好心的面包师说声谢谢，就走了。

但是有一个叫伊娃的小女孩却例外，她既没有同大家一起吵闹，也没有与其他人争抢。她只是谦让地站在一步以外，等别的孩子都拿到以后，才把剩在篮子里最小的一个面包拿起来。她并没有急于离去，她还向面包师表示了感谢，并亲吻了面包师的手之后才向家走去。

第二天，面包师又把盛面包的篮子放到了孩子们的面前，其他孩子依旧如昨日一样疯抢着，羞怯、可怜的伊娃只得到一个比头一天还小一半的面包。当她回家以后，妈妈切开面包，许多崭新、发亮的银币掉了出来。

妈妈惊奇地叫道："立即把钱送回去，一定是面包师揉面的时候不小心揉进去的。赶快去，伊娃，赶快去！"

当伊娃把妈妈的话告诉面包师的时候，面包师面露慈爱地说："不，我的孩子，这没有错。是我把银币放进小面包里的，我要奖励你。愿你永远保持现在这样一颗平安、感恩的心。回家去吧，告诉你妈妈这些钱是你的了。"她激动地跑回了家，告诉了妈妈这个令人兴奋的消息，这是她的感恩之心得到的回报。

感恩的心会使我们变得谦恭、谦卑。感恩在心理学上已经成为一个调整身心的技术和方法。当我们遇到不可改变的命运力量时，要有谦卑的心念。对长辈或能量高的人怀有一种谦卑的心态；对平辈的人，对下级、子女也要怀有一种谦卑的心态，还应感谢单位、组织，感谢一切各种各样的条件和因缘。

有了这样的心态和思维，就把自己放在了山谷底下，没有放在山顶，各方面的精华营养才会汇聚到这里来，这就是古人说的"欲求其高，先就其下"，想达到很高的境界，首先要放得最低。有一位老师，已经90多岁了，他很受人尊敬，他经常说一句话："我来到这个世界就是服侍所有人的。"他说出这样话，就是非常谦卑和恭敬的状态。我们要有"空杯归零"的学习心态，有了这种心态就会反映到语言、行动、行为之中，感恩、谦卑是对他人尊重，更能赢得他人的尊重。

对他人感恩，可以使自己心灵富足。荀子曰："积善成德，而神明自得，圣心备焉。"心灵富足的人必会爱人，因为爱就是给予，爱就是富足，爱就是宽广，爱就是一切。得到别人帮助时心存感恩，就会让你在别人遇到困难时伸出援助之手；与别人发生矛盾时心存感恩，就会让你想起往日他对你的关心帮助，化解心灵的隔阂，让友谊常在。我们应该深入地认识到：宽容是感恩的一种境界，首先要宽容自己，宽容自己的一切愚蠢和错误行为，不要让忧伤和懊悔折磨自己，我们就会从错误中汲取力量；其次要宽容他人，爱同事、有亲朋，宽容他人，能够享受到生活的美好。

对生活心存感恩，你就不会有太多的抱怨，世上没有十全十美的事物。比抱怨更重要的是自己为改变这一切做了哪些努力。感恩之心足以稀释我们心中的狭隘和蛮横，还可以帮助我们度过最大的痛苦和灾难。常怀感恩之心，我们就可以逐渐原谅那些曾和你有过结怨甚至触及你心灵痛处的那些人，会使我们已有的人生资源变得更加深厚，使我们的心胸更加宽阔宏远。

·004·
列出你现在拥有的，并开始珍惜

如果每个人都学会珍惜、懂得珍惜，现在拥有的一切，也许就会体会到意想不到的幸福和快乐。

随着中国经济的腾飞和发展，每个人都感到自己的工作和就业压力加大，越来越多的人抱怨生存困难；随着生活水平的提高，很多人不但感受不到生活的幸福，而且抱怨家庭的不幸，觉得人生太没意思。其实，这一切都缘于一个人的心情。生活中，我们有亲朋好友时常牵挂着，是一种幸福，要懂得珍惜。为了生存，为了人生的理想和追求，我们不可能经常守候在亲人身边，再好的朋友也只能是聚散两依依，难以常相伴左右。但是，每逢佳节来临时，总会收到来自亲朋好友的真诚祝福，即使天南地北，也知道他们在关键时刻总是牵挂着自己，发自内心的那份感动，真的难以用语言来表达。虽然说现实让亲朋好友之间也难以挣脱利害关系的束缚，但若想一想用再多的金钱也买不来情义时，会更加懂得珍惜，对在金钱等利害关系面前也能够恩断义绝的人，就有些不屑一顾了。

的确，生活中值得珍惜的东西真的太多了，从任何一个角度都可以发现值得珍惜的东西。从小有父母疼爱是一种幸福，可以有学上、有书读是一种幸福，学业、工作顺利是一种幸福，家庭和睦是一种幸福，甚至于生命存在着本身就是一种幸福。其实，逆境又何尝不是一种幸福呢？它教会人们如何去面对困难，让人们学会了坚强，更加懂得珍惜拥有的意义，也可以说是人生的一笔巨大财富。

诚然，生活中不如意的事有很多，在许多方面都难以遂自己的意愿，但如果能够用一种积极的心态去面对，就会发现其值得开心之处，少了许多烦恼，让自己随时快乐起来。当面对种种不如意时，要想到这些都是目前现有的条件下难以改变的，不得不去面对，那么，不如坦然去面对，以乐观的心态去应对所要面临的一切，这样，也就能够开心多了。这也正是大家生活在相同或不同的环境之下，有的人可以开心地度过每一天，而有的人却每天在郁闷中度过的缘故。

当然，我们说懂得珍惜拥有的一切，只是让人们懂得生命的意义之所在，学会让自己在平凡的生活中获得更多的快乐感觉，正所谓知足者常乐。但并不是让人们故步自封，满足于现状，不求上进，而是要在快乐的心境下，用良好的心态去对待可能遇到的状况，从而用更加积极的态度去应对生活中所发生的一切，把应当做的事情做得更好，还要懂得珍惜所拥有的一切。相信这样的人生态度，一定能让平凡的生命绽放异彩。

世界著名绘本《爱心树》讲述了这样一个富含哲理的故事：

他爬上树梢，吃苹果，在树荫下打盹……他爱这树，而这树也喜欢和他玩。

时间一天天过去……小男孩已经长大，他已经不再围着树玩。一天，小男孩回到树前，神情忧郁。

"来吧，来和我玩。"大树邀请小男孩。

"我不再是个孩子，我再也不围着树玩了。"男孩应道，"我要玩具，需要钱来买。""对不起，我没有钱……但是你可以摘下我所有的苹果，把它们卖掉，这样，你就有钱了。"小男孩别提多高兴了。他摘了树上所有的苹果，高高兴兴地走了。

摘了苹果后，小男孩久久没回来。

大树很忧愁。一天，小男孩回来了，大树高兴得不得了。

"来吧，来和我玩。"大树说。

"我没时间玩。我得为我一家的生计工作。我们需要一所房子栖身。你能帮我吗？""对不起，我没有房子，但是你可以砍掉我所有的枝杈，拿去盖你的房子。"小男孩割下树上所有的枝杈，高高兴兴地走了。

大树很高兴见到小男孩高兴起来，但小男孩很久没有回来。

大树又一次孤独和忧伤。

在一个炎热的夏日，小男孩回来了，大树十分高兴。

"来吧，来和我玩！"大树说道。

"我很悲伤，而且变老。我要出海航行，放松自己。你能给我一艘船吗？""用我的树干去造你的船吧，你可以航行得很远，高兴起来吧。"小男孩砍掉了树干，造了一艘船。他远航了，过了很长一段时间，再没有露面。

后来，在小男孩离开了很多年之后，他又回来了。"对不起，孩子，我没有任何更多的东西给你了，再没有苹果给你……"大树说道。

"我没有牙去啃了。"小男孩答道。

"再没有树干让你爬。"

"我现在老得爬不了啦。"

"我真的不能给你任何东西了……唯一留下来的就是我正要枯死的树根。"大树流着眼泪说道。

"我现在不再需要什么，有个地方休息就行了。干了那么多年，我很疲倦。"男孩答道。

"那好！老树根正好是留下来休息的最好地方。来吧，来来，在我这儿坐下来休息吧。"男孩坐了下来，老树非常高兴，流着微笑的眼泪。

这就是每个人的故事。这树就是我们的父母。

当我们年轻时，我们喜欢和妈妈和爸爸玩……当我们长大后，我们离开了他们……只有当我们需要什么，或遇到麻烦时才回到他们身边……不管出了什么事，父母总会在那里，给你任何他们可以提供的东西，让你高兴起来。

人生匆匆，为使一生不留遗憾，就要学会珍惜、懂得珍惜。人要学会珍惜现在所拥有的，让自己的生活多几分舒适，少几分满怀牵挂的苦楚，多几分惬意，少几分带瑕疵的不如意。当你感觉到某种东西渐渐远离你了的时候，你再竭力地去挽留，去弥补，也许已经太迟了。人，总是这样，在无数次告诫自己要珍惜的时候，结果往往是偏偏要失去。人生的路只有一条，走了，就不能再回头，别指望那条死胡同里会有出口。所以，要学会珍惜现在所拥有的，要珍惜今天，珍惜健康，珍惜幸福。

·005·
忘记怨恨，然后原谅、遗忘

忘记对他人的怨愤之心，这是一个智者的做法。如果你还没有学会遗忘和原谅，那么从现在开始，你就应该要求自己，甚至可以强迫自己，不要怨恨别人。

挫折，失败，不公，嫉妒，身体受病痛折磨，言论遭反对，权利受侵犯，嫉妒，受人侮辱，遭欺骗，失恋等，都会导致愤怒。另外，心境不佳，或脾气急躁的人，也易发怒。一般来说，愤怒按照程度来说可以分为四类：不满、生气、激愤、暴怒。《黄帝内经》指出，"怒伤肝"，"怒则气上，喜则气缓，悲则气消，恐则气下，惊则气乱，思则气结"。同时，情志失调也可导致正气虚弱，抗病力差，而易感外邪。

有些人内心总是怀着一份怨愤，却不懂得宽恕，这是极其有害的，它会使你变得脆弱、易怒、怨天尤人甚至执着于报复，这除了会耗尽你宝贵的精力外，别无益处。宽容自然是对于人的宽容，人是一种本质上需要经常不断地宽容的动物，因为人是一种不断犯错的动物，而只有错误才需要宽容。犯错是人类的重要本质之一，人类是在不断的犯错中成长、成熟和前进的。人来到这个世间就是来做事、尝试、探索的，没有一件事、没有一次尝试、没有一种探索不存在犯错的可能。如果说犯错是进步的前提，那么宽容就应该是进步的基础。

南非的民族斗士曼德拉，因为领导反对种族隔离政策而入狱，白人统治者把他关在荒凉的大西洋小岛罗本岛上27年。

当时尽管曼德拉已经高龄，但是白人统治者依然像对待一般的年轻犯人一样对他进行残酷的虐待。罗本岛位于开普敦西北方向7英里的桌湾。岛上布满岩石，到处都是海豹和蛇及其他动物。曼德拉被关在总集中营一个"铁皮房"，白天打石头，将从采石场采的大石块碎成石料。有时从冰冷的海水里捞取海带，还得做采石灰的工作。

他每天早晨排队到采石场，然后被解开脚镣，下到一个很大的石灰石田地，用尖镐和铁锹挖掘石灰石。因为曼德拉是要犯，专门的看守他的就有三人。他们对他并不友好，总是寻找各种理由虐待他。

但是，当1990年曼德拉出狱以后当选总统，曼德拉在他的总统就职典礼上的一个举动震惊了整个世界。总统就职仪式开始了，曼德拉起身致辞欢迎他的来宾。他先介绍了来自世界各国的政要，然后他说，虽然他深感荣幸能接待这么多尊贵的客人，但他最高兴的是，当初他被关在罗本岛监狱时，看守他的3个前狱方人员也能到场。他邀请他们站起身，以便他能介绍给大家。曼德拉博大的胸襟和宽容的精神，让南非那些残酷虐待了他27年的3个白人无地自容，也让所有到场的人肃然起敬。

看着年迈的曼德拉缓缓站起身来，恭敬地向3个他的曾经的看守致敬，在场的所有的来宾以至整个世界，都静下来了。后来，曼德拉向朋友们解释说，自己年轻时性子很急，脾气暴躁，正是在狱中学会了控制情绪才活了下来。他的牢狱岁月给他时间与激励，使他学会了如何处理自己的遭遇和痛苦。

他说，感恩与宽容经常是源自痛苦与磨难的，必须以极大的毅力来训练。他说："当我走出囚室，迈过通往自由的监狱大门时，我已经清楚，自己若不能把悲痛与怨恨留在身后，那么我其实仍在狱中。"

社会是人与人组成的，谁都不可以孤立地生活在这个世界上。很难避免的，我们在生活中肯定会遇到与他人之间发生不愉快的时候。你要检查一下你自己，当你与他人之间发生不愉快的时候，尤其是当你感受到自己遭遇到不公平的待遇的时候，你是否会对他人产生敌意呢？你是否会因此而在心里对他人怀有怨愤之心呢？

你的怨愤对他人不起任何作用，反而是你自己内心里的怨愤影响了你自身的健康，因为你的怨愤态度使你产生了消极情绪，这消极情绪对你的健康和性情都会产生很大的负效应，从而对你造成伤害。更为严重的是，你总是想着自己受到了不公正的待遇，总是因此而极不愉快，从而也就会招致更多的不愉快。

有这样一个寓言故事：

河里有一种叫"河豚"的鱼。它们喜欢在桥墩间游来游去，有时不当心，迎头撞在桥墩上，它便怒气勃发，无论如何都不肯走开。它怨恨桥墩，它怨恨水流，它怨恨自己——于是，它张开两肋，竖起鳍刺，带着满肚皮的怒气，撞向桥墩，结果自己浮到水面上来，许久都一动不能动。这时，莺鸟掠过河面，一把抓过圆鼓鼓的"河豚"噬而吞之，享受一顿鲜美的午餐。要是"河豚"能忍住怒气，离开桥墩，另寻一个去处，恐怕就不会白白葬送性命了。

想想看，你是否有必要改变自己的态度呢？你要知道，我们所受到的不公，仅仅是因为我们的心理有所欲求，如果我们把自己心理上的这份欲求看得很淡，那么不公又从何而起呢？

当然，除非有特别的原因，你不必与那些与你之间存在着嫌隙的人表现友好。但是，如果你不愿原谅和学会遗忘，那么你也就否认了你自己的力量和自身的灵活性，由此也就使你自己更加相信自己是一个真正的受害者，而非一个控制者。如此一来，你对他人的怨愤也就会因此而升级，你自己所受到的伤害也同样会由此而升级。

　　事实上，忘记你所受到的不公，忘记对他人的怨愤，最终最大的受益者只能是你自己。当你忘记了怨愤，学会了遗忘和原谅，你就会发现，原来你所认为的那些你所受到的不公，其实根本不值一提，因为它们在你的一生之中，是那么的微不足道。而你也同时会认识到，抛开对他人的怨愤之心，你所获得的快乐是你这一生享受不尽的。学会宽恕和包容，这是我们应该具备的最重要的美德之一。

　　如果你内心充满了怨愤，不懂得宽恕，那么你就会陷在痛苦的深渊里难以自拔。而学会宽恕、抛弃怨愤之心，就会使你卸下内心沉重的负担，从而感受到一种难以置信的自由和轻松。你可以从你自己的每一次生活经历中学习经验，你生活中遇到的每一个人都能教会你一些东西，不要因为他人对你做了错事而愤怒，怨愤的感觉是生长在你的体内，它所伤害的只能是你自己，绝不会是他人。你应该了解，怨愤所导致的压力和紧张的情绪，将影响到你的生活质量，而宽恕则将把你引领到欢乐和谐的美好境界，让你的生活充满阳光。

　　宽恕是能够帮助你控制自我情绪的最有力的工具之一，不懂宽恕的人无疑是在毁掉自己必经的一座桥梁，因为不可避免的，在将来的某一天，你也同样会需要他人对你的宽恕。当你学会了宽恕，并熟练地运用宽恕的情怀对待他人的时候，你就会逐渐地发现，你的人生也因此而快乐幸福。

·006·
转换角度，将抱怨转化成感恩

抱怨自己和他人并不能改变已经发生的事，反而会给自己带来痛苦。明智的做法是把抱怨转化成感恩，用感恩的心来看待已经发生的事。

生活给予人们挫折的同时，也赐予人们坚强。对于热爱生活的人，看有没有一颗感恩的心，酸甜苦辣不是生活的追求，但它一定是生活的全部，试着用一颗感恩的心来体会，就会发现不一样的人生，拥有一颗感恩的心，就没有了埋怨、嫉妒、愤愤不平。懂得感恩的人并非没有欲望，只是他们善于克制自己的欲望而已。

史蒂夫·霍金就曾经说："气恼自己的残障，是在浪费时间。人生必须不断地往前走，而我到目前为止表现得还不错。如果你一直在生气和抱怨，别人也不会有空理你。"这位在 21 岁就不幸肌肉萎缩被禁锢在轮椅上数十年的小个子男人，走到了宇宙的纵深处，迈入了创造宇宙的"几何之舞"，被誉为"不折不扣的强者"！

我们无论是抱怨不已，还是乐观向上，这只是一念之间，能够呼吸、能够走路、能够跳舞，就是一种幸福，用积极的心态赢得好运气，用不抱怨，积累积极的、正面的能量，让我们相互传染快乐和运气，让我们一起来发现生活的奇迹，时时感恩，享受生活的每一天。

曾经听过这样一段话："活在感恩的世界里：感激斥责你的人，因为他助长了你的智慧；感激绊倒你的人，因为他强化了你的能力；感激遗弃你的人，因为他教导你应该自立；感激欺骗你的人，因为他增进了你的见识；感激伤害你的人，因为他磨炼了你的心志……"这是一种积极的心态，一种智慧的生活态度，人人都怀有一颗如此感恩的心，那么人生一定会过得坚实而有信心！因为感恩，我们才拥有了一个多彩的社会。

某人喜欢吃芒果，最甜的芒果一般长在树的最顶端，因为芒果受到日照越多，味道越甜。所以他爬到了树的最顶端，如愿摘到了几只红艳艳的芒果，他下树时，因为树顶的树枝较细，树枝断了，幸运的是他抓住了另一根树枝，他吊在这根树枝上，上不去，下不来，他大声呼救，附近的村民赶来，带来了梯子和竹竿，但是都无济于事。

村民们最后找来了智者，这位智者帮助村民们解决过许多疑难问题，智者沉思片刻，捡起一块石头，朝吊在树上的人扔去，大家惊讶万分，那个人也气得大叫："干什么？你疯了？想让我摔下去吗？"

智者不语，又拾起一块石头扔去，这个人狂怒了："等我下去，一定给你点颜色瞧瞧。"大家也对智者不满，心想这个人下来对智者动手，他们一定不会阻拦。可是他怎么才能下来？智者再次拾起石头朝那个人扔去，这一次比前两次更狠，吊在树上的人忍无可忍，感到不下来出这口恶气就枉为男人。

然后他用尽全部力气，全部才智，调动每一根神经，终于够到了粗大安全的树枝，他成功了，爬下了树。

"那家伙哪儿去了？"他气愤地问，大家这时才发现智者不见了。

"如果碰到他我一定揍扁他！"

"可是，其实他是唯一给了你真正帮助的人，因为他激怒了你，你才发挥出潜在的能力，爆发出异乎寻常的勇气。"有人悟出了什么说道。

这个人想了想，"是啊，你们的好意和同情并没有帮上忙，是他的刺激才让我不遗余力摆脱了困境，他真不愧为一个智者，我该好好谢谢他。"

遇事多从自己身上寻找问题，努力控制自己的情绪，在任何时刻都要努力保持积极良好的心态。马云说过，"永不抱怨的态度是人生的第一位的"，我们不能将眼光只着眼于眼前的困境，而是要看到在漫长的生命中，眼前的困境仅仅是沧海一粟而已。

感恩是一个人与生俱来的本性，是一个人不可磨灭的良知，也是现代社会成功人士健康性格的表现，一个连感恩都不懂的人，必定是拥有一颗冷酷绝情的心，也绝对不会成为一个对社会做出贡献的人。感恩，是一种对恩惠心存感激的表示，是每一位不忘他人恩情的人萦绕心间的情感。学会感恩，是为了擦亮蒙尘的心灵而不致麻木；学会感恩，是为了将无以为报的点滴付出永远铭记于心。

与其抱怨上天给我们太多的挫折，不如感恩挫折，因为挫折是一笔财富。如果生活只有晴空丽日而没有阴云笼罩，只有幸福而没有悲哀，只有欢乐而没有痛苦，那么这样的生活根本就不是生活。也许挫折就是调味品，因为有了挫折，才感觉到平平淡淡才是真的道理；才真正感受到生活的美好，也才能感觉阳光洒在身上的温馨。微笑因被泪水洗涤而显得分外迷人，所以即使生活有一千个理由让我们哭，我们也应该有一千零一个理由让自己笑！

与其抱怨我们身经太多的痛苦，不如感恩痛苦，因为痛苦也是一笔财富。没有人喜欢痛苦，但也没有人能拒绝痛苦，痛苦是生命的必须。生活中，有人因贫穷而痛苦；有人因孤单而痛苦；有人因事业无成而痛苦；有人因生活平淡而痛苦；有人因为身患疾病而痛苦……痛苦就像影子，伴随着我们。一个哲人说过："我们不仅要学会在欢乐时微笑，也要学会在痛苦中微笑。"就让我们怀着一颗感恩的心去享受生活吧！

把抱怨转化为感恩，不是简单地忍耐与承受，而是以一种宽宏的心态积极勇敢地面对人生。感恩也是善待自己、愉悦自己。因为活着，所以我们应该感恩！我相信，最温暖的日子来自寒冷，我更相信，温暖其实是对寒冷的一种谅解，一种感恩中的感动。

· 007 ·
如何恰当地对待愤怒

愤怒会伤害到自己，也伤害到别人，愤怒的反应会令自己痛苦，并且会窄化我们的生命，令我们变得琐碎与自我中心。

愤怒是个强烈的感觉，你可以具体地感知到情绪与身体的变化。立竿见影地不生气，改掉一个习惯是不可能的，即使愤怒可以在瞬间被点燃，但灭火却需要相当长的时间，这一点与习惯的养成非常相似。因此，当一个人生气的时候，期待他很快就不生气，是不可能的，这需要一段相当长的时间才可以，所以，耐心地等待，不催促他，是让他熄火的有效方式。

举例而言，当我们生气时，我们总是遮蔽了眼前更大的视野，也切断了我们与外界的连结。如果我们能清楚地看到自己愤怒时的情绪反应，你会发现它不但窄化了我们的生命，也耗费了我们的能量。我们会看到愤怒是一种对生命的反动，它往往使我们封闭和孤立。

愤怒显然会伤害到自己，也伤害到别人，我们却总是以不屈不挠的精神执着于这股受限的情绪。我们虽然知道愤怒的反应会流失能量令自己痛苦，并且会窄化我们的生命，令我们变得琐碎与自我中心，但我们还是会藐视这个人人皆知的常识，顽固地沉溺在愤怒的想法和行为里。

由于家境的困难，林肯12岁时不得不中止学业，去做了一个伐木工人。每次，他都在自己伐倒的木材上写上一个自己名字开头的"A"字。但是有一天他发现自己砍伐的木头被人写上了"H"，这显然是有人盗用了自己的劳动成果。

林肯生气极了，回家对继母说："一定是那个叫亨得尔的家伙干的，我到他们家找他论理去。"继母看着林肯说："孩子，你先别急，听我给你讲个故事。

"从前有一片大森林，那里有一个人叫斑卜，他以打猎为生，经常在密林中安装捕兽套子。由于他安装的地方是野兽们经常出没的路线，几乎每天都有收获。有一天他又去收套子，却发现套子上只有动物脱落的毛，动物已经被别人取走了。斑卜很生气，于是他就在纸上画了一张很生气的脸，放在套子上。

"第二天他又去收套子，发现套子上有一片大树叶，树叶上画着一个圈，圈子里有房子，房子旁边还有一只狂吠的狗。斑卜不知道是什么意思，他想：为什么别人拿走了我的动物还要画图呢。他觉得应该和这个人见面说理，于是他就画了一个正午的太阳，还有两个人站在捕兽套边。

"第三天中午他又来到了这里，看到有一个浑身插满了野鸡毛的印第安人在那里等他。他们彼此语言不通，只能通过打手势来对话。印第安人用手势告诉斑卜这里是我们的地盘，你不可以在这里装套子。斑卜也打手势说：这是我装的套子，你不能拿走我的果实。两个人的模样都很古怪，相互看得直乐。斑卜想，与其多个敌人，还不如多一个朋友，于是他就大方地将捕兽套送给那个印第安人了。

"后来有一天，斑卜打猎时遇到了狼群追赶，被迫跳下了悬崖。等到他醒来的时候，他发现自己正躺在印第安人的帐篷里，伤口上还有印第安人给他上的药。此后他就成了印第安人的好朋友，和他们生活在一起，共同打猎。"

继母讲完了故事，微笑着对林肯说："你说斑卜做得对吗？"

"他做得很好，这样就少了敌人，多了朋友。"

"对呀，孩子，你要学会宽容别人。"

"我知道了，母亲。"林肯很懂事地点点头。

林肯牢记母亲的教导。宽容的美德为他以后的人生铺平了道路，最终当选为美国第 16 任总统。

有时可能有充分的证据能证明对方的愤怒是完全出自错误的认知，但不能立刻干预他的感觉。愤怒就像渴望、嫉妒和悲伤一样，也需要时间来平息。即使一个已经完全了解是自己的误解，也无法平息怒火，就像把电风扇关掉，风扇仍会持续一段时间一样。这时，耐心地等待，给予他熄火的时间，就可以了，就可帮助他把自己解救出来，同时也使你自己平息下来，不再神经紧张。下面的方法会帮助人更好地控制愤怒：

第一，问自己：我究竟希望他（她）做什么？我想通过愤怒来达到什么目的？不要被愤怒蒙住了眼睛，看看愤怒的背后你的那些欲望是什么。你之所以会愤怒，是因为你需要别人做什么事情。如果你希望和别人交朋友，而他（她）让你失望，你就扇人家耳光的话，那么你就永远失去了和他（她）亲近的机会。相反，你可以说出你真正的感觉："我很重视我们的友谊，但有些事情威胁到了我们的友谊，这让我很失望。我们谈谈，一起来解决这个矛盾怎么样？"

第二，问自己：我真的是对这个人感到愤怒吗？我愤怒的原因真的是我说的那些原因吗？有没有这样的可能，我之所以对他愤怒，是因为对他发火比较安全？找替罪羊没有任何用，相反会让你的情绪变成迷途羔羊。

第三，你的愤怒有多少是来自于你的基本需要和欲望不能满足？你对全世界都不满吗？有某人或某种情境让你感到深深地受伤或感到无助吗？你是要责备这个人或这种情境吗？你是否感到没人关心你，没人爱你？你感到在世界中孤零零的、感到世界充满了陌生人吗？你是否需要生活中有更多的快乐和关爱？在上述情况下，你需要找出获得爱和快乐的方法，愤怒才会消失。发泄愤怒只会让你更受伤。

第四，你所谓的愤怒是不是你用来掩饰自己受伤的一种高傲的方式？是你作为人的生存受到了威胁，还是你的自负受到了伤害？为自己的形象斗争有没有必要？有多少的必要性？为了面子而奋斗会让你时常感到失落，失落又会让你感到愤怒。

第五如果你成了别人愤怒的目标和牺牲品，问自己："我一定要接受这个人给我安排的位置吗？我一定要为这种事感到受伤吗。"其他人和你一样也会寻找替罪羊。你可以去做志愿者，但不要做"志愿羊"。即便别人选择了你，也可以避开。不要上钩，不要去参与和你没关系、你也赢不到什么的战斗。

很多时候愤怒来自于我们的不自信和不安全感。有效地表达愤怒会提高我们的自尊感，使我们在自己的生存受威胁的时候能勇敢地战斗。愤怒并不排除爱、感激等积极情感。你可以深爱某人，为他或她感到怒不可遏，但仍然继续爱着他（她）。实际上，愤怒的产生往往是由于爱得太深，甚至有时候，愤怒是表达爱的一种方式。无论什么原因，你都要对自己的愤怒负责。不要给愤怒寻找各种理由，你需要的是解决问题，不是空洞的胜利。

第六，关注愤怒。学会区分短期的愤怒和长期的怨恨。找个笔记本记下你在不同情境下对不同人的愤怒程度，并分清自己的愤怒共有多少种类。这会帮助你决定在什么时候、什么情况下表达愤怒，表达什么样的愤怒，如何表达愤怒。

第七，不要害怕愤怒。回想上次你暴怒的情况？世界毁灭了吗？愤怒本身并不是有害的——你的愤怒不会杀人，他人的愤怒也杀不了你。只有我们固执地坚持用那些有害的方式表达愤怒时，愤怒才能造成悲剧。

第八，真诚、负责地表达你的愤怒，不要用暴力的方式。暴力只会带来更多的愤怒、伤害和复仇。无论是口头的，还是躯体的攻击都不会熄灭怒火。告诉别人是什么让你感到愤怒或受伤害，告诉他们你真正希望他们做的是什么。

第九，不要假装你没有愤怒。不要通过否认愤怒来麻醉自己。压抑自己不会让你得到你想要的，只会让你感到迷惑、内疚和抑郁。

第十，抓住让你愤怒的事件，而不是对人说"这件事情真的让我很生气"。是针对事件，说："你这混蛋，怎么做出这种事情？"就是针对人了。

第十一，点缀那些让你烦闷的情境。如去排队就带上一本书，利用这段时间学习一下，堵车时就乘机放松一下，做做白日梦。

第十二，愤怒时，请提笔写一封信，可以是写给你发火的对象也可以是写给报刊、杂志或领导。这封信写得越详细越好。把这封信放一天再读一遍，再考虑是否真的值得发火。

第十三，不要因为一时愤怒造成了不好的结果就指责自己。拿出你发泄愤怒时的勇气来，去道歉！

每个人都有一些不能表达的愤怒，要替这些情绪找到出口。体育锻炼是一种很好的释放方式：慢跑、打球、在没人的地方大喊大叫等等都可以。愤怒之后，试着去了解是什么真正让你愤怒，并把你的想法告诉另一个人。一个中立的倾听者能帮你理清情绪、认清目标。愤怒是一次学习的机会，通过了解自己的愤怒的来源，我们可以把愤怒的能量转化为建设的动力。

·008·
善待别人就是善待自己

你善待了别人，生活也会善待你。你无意中做了一点点的善事，有时往往可以让你得到意想不到的、甚至是十倍百倍于你付出的收获。

总想着得到的更多，却从未想过，不付出哪有收获？都是一些小小的情感付出而已，于我们而言根本就是轻而易举、举手之劳的事情，为何就那么吝啬，不屑于去做？不管你在人生的舞台上多成功、多有能力，只要是人，就总会有求人的时候。闭门羹我们都"吃"得不少，你把你的大门对别人关上，当有一天你需要别人帮助时，别人的大门也会对你关上。不要责怪别人，先检讨一下自己，你有善待过别人吗？

一个在外打工，好几年才回家一次的男孩，当他深夜坐车回到家乡路口，路见一陌生男子被车撞倒在地，肇事司机早已逃走。急于回家的愿望让他正想离开，忽转念一想，他的家人是不是也会像自己父母那样在等待他的归家？于是他把那人送到了医院，那人因此得救。后来，得知那人竟是他几年未曾见过一面的亲哥哥。幸亏他当时没有袖手旁观，否则到最后于他将会是一生一世的悔恨和内疚。

由此可见，你善待了别人，生活也会善待你。你无意中做了一点点的善事，有时往往可以让你得到意想不到的、甚至是十倍百倍于你付出的收获，这也正验证了"滴水之恩，当涌泉相报"的道理。人与人之间是相互的，你想别人怎么对你，你就怎么对别人；同样，你不想别人怎么对你，你也就不要怎么去对别人。"己所不欲，勿施于人，以责人之心责己，以待己之心待人。"如果我们每一个人都可以这么想这么做，人与人之间的相处就简单容易得多。

当你尊重别人，别人就会尊重你；你重视别人，别人也才会重视你；你礼貌待人，别人也会礼貌待你；你热情待人，别人也会热情待你。而这一切与身份地位等外界因素丝毫无关。

从别人身上可以找寻自己的影子，让你更清楚地看到自己的不足并改正和完善。当你身上的某些缺点在别人那里也存在时，你是用怎样的眼光看别人，就会知道别人也是用怎样的眼光看你。你会知道，你在别人心目中占什么分量，是受欢迎还是不受欢迎，而且也可以让你对于别人不经意间所犯的错抱一种理解与宽容的态度。

从别人身上也可以看出你自己的为人，让你看清楚自己属于哪一类人。看看你身边的人，是好人居多还是坏人居多？如果你认为是坏人居多，可见你不见得会是一个多好的人，有言道"臭味相投"说的就是这个道理；如果你认为是好人居多，可见你也不见得会是一个多坏的人。清者与浊者总是难以混在一起，黑白分明总有它的界线。人们常说"物以类聚，人以群分"，说的也就是这个道理。由此可以反映出一个人的生活圈子，周围的人群，人际关系等处于哪一个层次位置。就如古时候常会有人拿"上流社会"、"中下层社会"来划分等级关系一样，说的就是怎么样的人和怎么样的人才能和平共处，你要说把警察和罪犯放在一起生活，有无可能？肯定不行，因为彼此间的身份不同，会发生冲突，人与人间的相处也无非如此。

善待别人，其实就是善待自己，你想别人怎么对你，你就怎么对别人。如果说冤冤相报何时了，不如让这爱长存人间，世界到处都有爱的踪迹。曾经帮助过你的人们，你可曾还记在心上，满怀感激与祝福？人生长途中一路走来，有多少默默无闻的目光在背后关注着我们，有多少双期待的眼神在看着我们。这些你都记住了吗？收藏起来了吗？也许我们活在这世界上都是匆匆一过客，如沧海一粟，微不足道。永远也不要想着让别人来记住你，但是我们要记住别人，把那份爱珍藏在心底，直到天荒地老，海枯石烂。

图书在版编目（CIP）数据

赢在归零，胜在空杯 / 苏沫著 .—北京：
中国华侨出版社，2016.7

ISBN 978-7-5113-6169-1

Ⅰ．①赢… Ⅱ．①苏… Ⅲ．①成功心理 – 通俗读物
Ⅳ．① B848.4–49

中国版本图书馆 CIP 数据核字（2016）第 181041 号

赢在归零，胜在空杯

著　　者 / 苏　沫
责任编辑 / 文　喆
责任校对 / 高晓华
经　　销 / 新华书店
开　　本 / 670 毫米 ×960 毫米　1/16　印张 /17　字数 /220 千字
印　　刷 / 北京建泰印刷有限公司
版　　次 / 2016 年 9 月第 1 版　2016 年 9 月第 1 次印刷
书　　号 / ISBN 978-7-5113-6169-1
定　　价 / 32.00 元

中国华侨出版社　北京市朝阳区静安里 26 号通成达大厦 3 层　邮编：100028
法律顾问：陈鹰律师事务所
编辑部：（010）64443056　　64443979
发行部：（010）64443051　　传真：（010）64439708
网　　址：www.oveaschin.com
E–mail：oveaschin@sina.com